A vida secreta dos
ANIMAIS

PETER WOHLLEBEN
A vida secreta dos
ANIMAIS

Título original: *Das Seelenleben Der Tiere: Liebe, Trauer,*
Mitgefühl – Erstaunliche Einblicke in eine verborgene Welt
Copyright © 2016 por Ludwig Verlag
Um grupo da Verlagsgruppe Random House GmbH, Munique, Alemanha
www.randomhouse.de
Este livro foi negociado através da Ute Körner Literary Agent,
S.L.U., Barcelona – www.uklitag.com
Copyright da tradução © 2019 por GMT Editores Ltda.

Todos os direitos reservados. Nenhuma parte deste livro
pode ser utilizada ou reproduzida sob quaisquer meios
existentes sem autorização por escrito dos editores.

tradução: Sonali Bertuol

preparo de originais: Ângelo Lessa

revisão: Juliana Souza e Taís Monteiro

diagramação: Ilustrarte Design e Produção Editorial

capa: Fstop/ F1online

adaptação de capa: Ana Paula Daudt Brandão

impressão e acabamento: Bártira Gráfica

CIP-BRASIL. CATALOGAÇÃO NA PUBLICAÇÃO
SINDICATO NACIONAL DOS EDITORES DE LIVROS, RJ

W824v   Wohlleben, Peter
        A vida secreta dos animais/ Peter Wohlleben; tradução
de Sonali Bertuol. Rio de Janeiro: Sextante, 2019.
256 p.; 14x21 cm.

Tradução de: Das seelenleben der tiere
Inclui bibliografia
ISBN 978-85-431-0764-6

1. Animais - Comportamento. 2. Animais - Inteligência.
3. Emoções em animais. I. Bertuol, Sonali. II. Título.

19-56786   CDD: 591.5
                                                    CDU: 591.5

Todos os direitos reservados, no Brasil, por
GMT Editores Ltda.
Rua Voluntários da Pátria, 45 – Gr. 1.404 – Botafogo
22270-000 – Rio de Janeiro – RJ
Tel.: (21) 2538-4100 – Fax: (21) 2286-9244
E-mail: atendimento@sextante.com.br
www.sextante.com.br

Sumário

Introdução	7
1. Amor materno abnegado	11
2. Os instintos são um tipo inferior de sentimento?	17
3. Amor pelos humanos	23
4. Capacidade de sentir	31
5. Inteligência suína	41
6. Gratidão	47
7. Mentiras e trapaças	51
8. Pega, ladrão!	55
9. Coragem	61
10. Oito ou oitenta	65
11. Abelhas quentes, cervos frios	71
12. Inteligência coletiva	79
13. Segundas intenções	83
14. Tabuada	87
15. Diversão	91
16. Desejo	95
17. Até que a morte os separe	99
18. Nomes	103
19. Luto	109
20. Vergonha e arrependimento	113
21. Compaixão	121
22. Altruísmo	127
23. Criação	131

24. Como se livrar dos filhos	135
25. Uma vez selvagem, sempre selvagem	139
26. Tripas de galinhola	147
27. Um aroma especial	151
28. Conforto	155
29. Sobrevivendo ao mau tempo	159
30. Dor	163
31. Medo	167
32. Alta sociedade	183
33. Bem e mal	185
34. Hora de dormir	191
35. Oráculos animais	195
36. Os animais também envelhecem	201
37. Mundos estranhos	207
38. Habitats artificiais	215
39. A serviço da humanidade	221
40. Comunicação	225
41. Onde fica a alma?	231
Posfácio: Um passo atrás	235
Agradecimentos	241
Notas	243

Introdução

Galos que enganam galinhas? Mães cervas que ficam de luto pelos filhos mortos? Cavalos que sentem vergonha? Até alguns anos atrás, essas ideias me pareceriam absurdas, um desejo inalcançável dos amantes de animais que querem se sentir mais próximos de seus bichos de estimação. Eu mesmo passei a vida inteira em contato com animais e já fui um desses sonhadores. Não importava se era o pintinho que me adotou como mãe, as cabras que moravam perto da nossa cabana no centro florestal e animavam nossos dias com seus balidos alegres ou os animais silvestres que eu encontrava nas rondas pela floresta que gerencio: sempre me perguntei o que se passava na cabeça deles. Será que nós, seres humanos, somos mesmo os únicos animais que têm todos os sentimentos, como a ciência há muito tempo afirma? Será que a Criação de fato desenvolveu um caminho biológico único especialmente para nós? Será que só nós temos a garantia de viver uma vida plena e consciente?

Se a resposta a essas perguntas fosse sim, este livro acabaria aqui. Se o homem fosse o resultado de um modelo biológico especial, não conseguiríamos compará-lo a outras espécies. Não faríamos a menor ideia do que se passa com os outros animais, por isso não teríamos empatia por eles. Felizmente, porém, a natureza escolheu ser econômica. A evolução "apenas" reformula e altera algo que já existe, da mesma forma que fazemos com um sistema operacional de computador. E, assim como o sistema operacional mais recente tem códigos das versões anteriores, os programas genéticos dos nossos antepassados continuam em nós e em todas as outras espécies que, no decorrer dos últimos milhões de anos, se ramificaram a partir do mesmo tronco ancestral.

Portanto, a meu ver, só existe um tipo de tristeza, dor ou amor. Talvez soe descabido dizer que um porco sente as mesmas coisas que o ser humano, mas é pouco provável que ele sinta menos dor do que nós ao se ferir. "Opa, isso nunca foi comprovado!", talvez exclamem os cientistas. É verdade, e o fato é que nunca haverá provas cabais. Para ser mais preciso, não consigo provar nem sequer que *você* tem sensações iguais às minhas. Ninguém é capaz de olhar dentro de outra pessoa e provar, por exemplo, que uma picada de agulha provoca a mesma sensação em todos os 7 bilhões de seres humanos do planeta, mas todos sabemos expressar o que sentimos, e, considerando as informações compartilhadas, são grandes as chances de termos sensações iguais.

Portanto, quando nossa cadela Maxi comeu um prato inteiro de bolinhos na cozinha e depois fez cara de inocente, não estava se comportando como uma máquina devoradora de alimentos, mas como a esperta e adorável arteira que ela era. Quanto mais atenção eu prestava a nossos animais de estimação e seus parentes selvagens na floresta, mais descobria neles sentimentos considerados exclusivamente humanos. E não estou sozinho nessa: cada vez mais pesquisadores vêm concluindo que os humanos têm características em comum com diversos outros animais. Amor verdadeiro entre corvos? Existe. Esquilos que sabem o nome dos parentes próximos? Já é algo documentado há muito tempo. Para onde quer que se olhe, os animais estão lá, amando, se compadecendo e gostando da companhia uns dos outros.

Atualmente muitas pesquisas científicas estudam a vida secreta dos animais, mas seu foco é tão restrito e sua linguagem é tão árida e acadêmica que a leitura acaba sendo pesada e não conduz a um melhor entendimento do assunto. Foi por isso que eu quis traduzir esses estudos fascinantes para uma linguagem corriqueira, juntar algumas peças do quebra-cabeça para montar o quadro geral e temperar tudo com algumas observações pessoais.

Espero que tudo isso ajude você a ver os animais ao seu redor e as espécies que cito neste livro não como robôs que agem de acordo com um código genético inflexível, mas como almas corajosas e seres peraltas e encantadores. Porque é exatamente isso que eles são, como você mesmo poderá comprovar num passeio pela minha floresta, observando minhas cabras, minhas éguas e meus coelhos, e também pelos parques e florestas na cidade onde mora. Venha, vou mostrar o que estou querendo dizer.

1. Amor materno abnegado

Era um dia quente de verão, em 1996. Eu estava na minha cabana, na floresta próxima ao município de Hümmel, um vilarejo na região montanhosa de Eifel, localizada no oeste da Alemanha. Para nos refrescarmos, minha mulher e eu enchemos uma piscina inflável à sombra de uma árvore no quintal. Ali estava eu, dentro d'água com meus dois filhos, comendo fatias suculentas de melancia, quando, de repente, de canto de olho, percebi um movimento. Algo marrom avançava em nossa direção, parando de vez em quando. "Um esquilo!", gritaram as crianças, empolgadas, mas logo minha alegria deu lugar a uma grande preocupação, porque o animalzinho deu alguns passos e tombou de lado. Estava claramente mal de saúde. Mesmo assim, conseguiu se levantar e dar mais alguns passos na nossa direção. Foi quanto notei um grande calombo no pescoço dele. Tudo indicava que ele estava doente, talvez até com algo contagioso.

De forma lenta e determinada, ele continuou sua marcha em direção à piscina. Quando eu estava afastando as crianças, a situação teve um desfecho comovente: o calombo era, na verdade, um filhote agarrado ao pescoço da mãe como se fosse uma gola peluda. Sob um calor escaldante e sendo estrangulada pelo filho, a mãe quase não conseguia respirar, e só teve fôlego para dar mais alguns passos antes de tombar outra vez, exausta e arquejante.

As mães esquilos cuidam da prole com uma devoção abnegada. Em caso de perigo, carregam a cria no dorso até colocá-la em segurança. Isso as deixa exauridas, pois elas precisam transportar até seis filhotes no pescoço, um após outro. Apesar de todo esse cuidado, a taxa de sobrevivência da espécie não é alta – cerca de 80% dos filhotes não completam um ano de vida. Embora escapem da maioria dos inimigos durante o dia, a morte ataca à noite, durante o sono. É quando as martas – mamíferos carnívoros comuns no hemisfério Norte – sobem os galhos sorrateiramente e interrompem o sono do esquilo, de surpresa.

À luz do dia, o perigo são os falcões, que se lançam num voo intrépido entre as árvores à procura de uma refeição saborosa. Quando avistam um esquilo, tem início uma espiral de medo – espiral no sentido literal, pois o esquilo tenta escapar dando voltas no tronco para se esconder da ave. O falcão persegue a presa fazendo curvas fechadas em torno do tronco. Num piscar de olhos, o esquilo se protege do outro lado. O pássaro vai atrás. O esquilo se esconde outra vez, e esse movimento rápido e contínuo cria uma espiral ao redor da árvore. Vence o mais ágil – na maioria das vezes, o pequeno mamífero.

Muito mais do que qualquer predador, porém, o pior inimigo do esquilo é o inverno. Para chegar bem preparado à estação mais fria do ano, ele constrói um ninho esférico num galho alto, e, para fugir de visitas indesejadas, cava duas saídas com as patas. Os ninhos são feitos basicamente de gravetos, mas por dentro são revestidos por um musgo macio que funciona como isolante térmico e que faz com que o lugar fique confortável para o animal dormir. É isso mesmo: os animais também valorizam o conforto, e, assim como os humanos, os esquilos não gostam de sentir um graveto espetando suas costas. Assim, o revestimento macio de musgos garante um sono reparador.

Da janela do meu escritório, a todo momento vejo esquilos arrancarem musgo do chão e subirem as árvores, e no outono, quando os frutos do carvalho e da faia caem das árvores, os animaizinhos recolhem seu alimento altamente nutritivo, carregam-no por alguns metros e o escondem no solo, reunindo provisões para o inverno. O esquilo não hiberna, apenas passa a maior parte do inverno cochilando. Nesse estado de letargia, seu corpo consome menos energia, mas seu metabolismo não para completamente, como acontece com o porco-espinho. Portanto, de tempos em tempos, o esquilo acorda com fome, desce da árvore e procura um dos inúmeros esconderijos que construiu no outono. E procura. E procura mais. No começo, é divertido assistir enquanto ele tenta lembrar onde guardou a comida. Ele cava um pouco aqui, remexe a terra ali e de vez em quando se senta no chão com as costas eretas, como se estivesse fazendo uma pausa para pensar.

Mas não adianta. O problema é que a paisagem já mudou bastante desde o outono. As árvores e os arbustos perderam as folhas, a grama está ressecada e, como se não bastasse, a neve pode estar cobrindo o solo como uma camada de algodão. Fico com o coração na mão quando vejo o esquilo desesperado procurando a comida, pois neste momento a natureza está peneirando quem vai viver e quem vai morrer. Grande parte dos esquilos desmemoriados, sobretudo os que têm menos de um ano de vida, morrerá de fome antes da primavera seguinte. Às vezes, encontro mudas de faia na reserva de faias antigas. Elas lembram borboletas verdes apoiadas sobre caules finos e geralmente estão isoladas. Só crescem juntas nos lugares onde o esquilo as guardou para o inverno e esqueceu, o que costuma ter consequências fatais para ele.

Considero o esquilo um excelente exemplo de como categorizamos os animais. Ele tem olhinhos escuros cativantes, um lindo e macio pelo castanho e não representa ameaça para o ser humano. Também pode-se dizer que o esquilo ajuda a estabelecer novas florestas, pois na primavera nascem brotos de árvores das provisões de alimento que ele esqueceu espalhadas pelo solo no outono. Resumindo, esse roedor merece nossa simpatia.

Por outro lado, evitamos pensar em seu alimento favorito: passarinhos. Durante a primavera, vejo esses mesmos esquilos escalarem o tronco dos pinheiros antigos que margeiam a estrada para a reserva florestal. Logo em seguida tem início um grande alvoroço nos ninhos de tordos. A ave, que é parente do sabiá, começa a voar desesperada entre as árvores, chilreando para expulsar o invasor. Os esquilos são seus inimigos mortais – devoram os filhotes de ave recém-nascidos, com pouca ou nenhuma plumagem. Nem os ninhos no oco das árvores oferecem muita proteção aos bebês, pois os esquilos usam suas patinhas finas e com garras longas e pontiagudas para fisgá-los no esconderijo supostamente bem protegido.

Afinal, os esquilos são bons ou maus? Nem um nem outro. Por um capricho da natureza, eles despertam nosso instinto protetor, pois temos sentimentos positivos ao vê-los. Isso não tem relação alguma com ser bom ou útil. Por outro lado, o hábito de matar os passarinhos, que também adoramos, não significa que sejam maus. Os esquilos sentem fome e precisam alimentar os filhotes, que dependem do nutritivo leite materno. Caso saciassem a necessidade de proteínas comendo lagartas, ficaríamos felizes e não teríamos nada contra eles, pois as largartas são pragas que prejudicam a lavoura. Só que as lagartas são filhotes de borboletas. E, apesar de elas gostarem de comer os mesmos vegetais que nós, matar filhotes de borboletas não é bom para a natureza. A questão é que os esquilos não querem nem saber da nossa opinião. Estão ocupados demais tentando sobreviver e aproveitar a vida ao máximo.

Mas voltando ao caso da mamãe esquilo no meu quintal: será que ela sente um amor tão forte que a faz pôr a vida dos filhotes acima da sua? Será que essa atitude não é apenas o resultado de um pico hormonal que aciona o comportamento protetor pré-programado em seus genes? A ciência costuma reduzir os processos biológicos a mecanismos involuntários, então, antes de pintarmos um retrato tão frio dos esquilos e de outros animais, vamos analisar o amor materno da espécie humana. O que acontece no corpo da mãe quando ela segura o filho recém-nascido nos braços? Será que o amor materno é um sentimento inato? A resposta da ciência é "sim" e "não": o amor em si não é inato, mas as condições para desenvolvê-lo são.

Pouco antes do parto, o corpo da mulher libera na corrente sanguínea a oxitocina, hormônio que a estimula a desenvolver um forte elo com o filho. O corpo também libera grande quantidade de endorfina, que reduz a ansiedade da mãe e a dor do parto. Esse coquetel hormonal permanece no sangue após o parto, garantindo que o bebê seja recebido por uma mãe totalmente relaxada e satisfeita. A amamentação estimula ainda mais a produção de oxitocina, o que fortalece o vínculo entre mãe e filho. Algo semelhante ocorre com muitas outras espécies – inclusive as cabras de que eu e minha família cuidamos (aliás, as cabras também produzem oxitocina). A mãe começa a conhecer o cabrito quando o lambe para retirar a membrana fetal que envolve o corpo dele. Esse processo de limpeza intensifica o vínculo. A mãe solta alguns balidos carinhosos, e o filhote responde baixinho em um tom agudo. Nesse momento, eles assimilam as assinaturas vocais um do outro.

O problema é quando o processo de limpeza não dá certo. Na hora de parir, as cabras de nosso pequeno rebanho são levadas para uma baia separada, onde podem dar à luz em paz. A parte de baixo do portão tem um pequeno vão, e certa vez um cabrito especialmente pequeno passou por baixo dele. Quando percebemos, um tempo precioso já havia se passado, e o muco que revestia o corpo do filhote ressecara. Resultado: apesar de todas as tentativas, a mãe não aceitou o cabrito. O momento de ativar o amor materno se passara.

Com a espécie humana muitas vezes acontece algo semelhante: se o recém-nascido for mantido longe da mãe por muito tempo logo após o parto, aumenta a chance de o amor materno não se estabelecer. A situação não é tão dramática quanto no caso das cabras, pois a espécie humana é capaz de aprender a sentir o amor materno sem depender de hormônios. Ou seja, se as pessoas fossem como as cabras, jamais conseguiriam amar filhos adotivos como se fossem de sangue. A adoção, portanto, é o melhor caminho para investigar se o amor materno é um sentimento que pode ser aprendido, e não apenas um reflexo instintivo. Mas, antes de me aprofundar nessa questão, quero falar um pouco mais sobre os instintos.

2. Os instintos são um tipo inferior de sentimento?

Sempre me dizem que comparar os sentimentos dos animais aos dos seres humanos não leva a nada, afinal os primeiros agem e sentem de forma instintiva, enquanto nós agimos com consciência. Antes de averiguar se o instinto é uma forma inferior de sentimento, vamos dar uma definição a ele. Segundo a ciência, o comportamento instintivo é aquele que ocorre de forma inconsciente, portanto não resulta de nenhum processo de raciocínio. Os instintos podem ser determinados pela genética ou aprendidos; o que todos têm em comum é o fato de surgirem muito rápido, pois não passam pelos processos cognitivos do cérebro. Muitas vezes, são o resultado da liberação de hormônios em determinadas ocasiões (quando temos raiva, por exemplo), desencadeando reações físicas. Assim sendo, os animais são apenas máquinas vivas funcionando no piloto automático?

Antes de tirar conclusões precipitadas, vamos ver como funciona a espécie humana. Nós não estamos livres dos instintos – muito pelo contrário. Imagine, por exemplo, que sem querer você coloque a mão no fogo. Sua reação imediata é tirá-la num piscar de olhos. Para isso, você não para e reflete conscientemente algo como: "Que esquisito. Estou sentindo um cheiro de churrasco, e de uma hora para a outra minha mão começou a arder muito. Melhor eu tirá-la do fogo." Você simplesmente reage de forma automática e tira a mão, sem precisar tomar uma decisão consciente. Portanto, a espécie humana também age por instinto; a questão é saber em que medida ele determina o que fazemos no dia a dia.

Para lançar luz sobre essa questão, vejamos algumas pesquisas recentes sobre o cérebro humano. Um artigo publicado em 2008 pelo Instituto Max Planck, em Leipzig, apresentou conclusões impressionantes. Por meio de uma ressonância magnética – técnica de imagem médica usada na radiologia para formar imagens da anatomia e dos processos fisiológicos do corpo –, os pesquisadores observaram os participantes de um experimento durante um momento de tomada de decisão (apertar um botão com a mão direita ou com a esquerda). A atividade cerebral indicava com clareza quais seriam as escolhas de cada participante até 7 segundos antes de eles tomarem a decisão consciente. Isso significa que o comportamento dos voluntários já havia sido iniciado enquanto eles ainda refletiam sobre que decisão tomar. Logo, conclui-se que foi a parte inconsciente do cérebro que desencadeou a ação. Ao que parece, a única participação do consciente foi fornecer, segundos depois, a explicação para a escolha.[1]

Como as pesquisas sobre esses processos ainda estão engatinhando, não é possível dizer qual é o percentual de decisões tomadas dessa forma, que tipos de decisão são tomadas assim e se somos capazes de bloquear processos que nascem no subconsciente. De qualquer modo, é espantoso saber que aquilo que chamamos de livre-arbítrio muitas vezes é apenas o reflexo de algo que já tinha sido decidido. Tudo o que a parte consciente do cérebro faz nesse caso é inventar uma desculpa para que o nosso frágil ego se sinta no comando da situação. Mas a verdade é que o subconsciente está no controle.

No fim das contas, porém, não importa até que ponto nosso intelecto está no comando da situação, pois muitas das nossas reações provavelmente são instintivas, e isso mostra que sentimentos como medo, tristeza, alegria e felicidade não são menos importantes por serem desencadeados pelo instinto, em vez de resultarem de um processo consciente. A origem do sentimento não determina sua intensidade. Os sentimentos são a linguagem do subconsciente e, no dia a dia, nos impedem de nos afogar numa enxurrada de informações. A dor que sentimos ao pôr a mão no fogo nos permite reagir de imediato. A sensação de felicidade reforça as ações positivas. O medo evita que você tome uma decisão potencialmente perigosa. Os únicos problemas que chegam à nossa consciência são os que podemos analisar com tranquilidade e resolver através da reflexão.

Portanto, os sentimentos estão ligados ao subconsciente, não ao consciente. Se os animais não tivessem consciência, apenas não seriam capazes de pensar. Mas acontece que, como todas as espécies têm atividade cerebral subconsciente, que influencia a forma como interagem com o mundo, pode-se concluir que todo animal deve ter sentimentos. Logo, o amor materno instintivo não pode ser considerado algo inferior, pois não existe outro tipo de amor materno. A única diferença entre animais e seres humanos é que podemos ativar o amor materno (e outros sentimentos) conscientemente – como no caso da adoção, em que o vínculo é criado após o nascimento e o sentimento é desenvolvido ao longo do tempo. Seja como for, os hormônios que fluem pelo corpo da mãe adotiva são os mesmos da mãe biológica.

Será, então, que finalmente descobrimos um sentimento exclusivamente humano? Voltemos ao esquilo. Há mais de 20 anos pesquisadores do Canadá têm estudado os parentes do roedor na região do Yukon, oeste do país. Fizeram parte do estudo cerca de 7 mil animais, e, embora os esquilos sejam animais solitários, houve cinco casos de adoção. Contudo, em todos a mãe adotiva era parente próxima da mãe biológica – adotaram apenas sobrinhos e netos, o que mostra os limites do altruísmo dos esquilos. Do ponto de vista evolutivo, esse comportamento é vantajoso para o animal que adota, pois assim ele ajuda a preservar e reproduzir um material genético muito semelhante ao seu.[2] Portanto, esses cinco casos em 20 anos não são uma prova de que os esquilos têm uma postura favorável à adoção.

Vejamos então como os cães lidam com a adoção. Em 2012, a buldogue francesa Baby ocupou as manchetes dos jornais. Ela morava num abrigo para animais em Brandemburgo, Alemanha. Certo dia, seis filhotes de javali foram levados para lá. A mãe devia ter sido abatida por caçadores, e os filhotes não teriam a menor chance de sobrevivência na natureza.

No abrigo, os animaizinhos receberam leite rico em gordura, amor e carinho. O leite vinha das mamadeiras dos cuidadores, e o amor e o carinho vinham de Baby. A buldogue simplesmente adotou todos os filhotes e permitiu que dormissem junto dela. Além disso, de dia Baby ficava de olho no grupo.[3] Podemos considerar esse exemplo um autêntico caso de adoção? Afinal, Baby não amamentou os filhotes, o que, via de regra, também não acontece na adoção humana. Além disso, há relatos sobre cães, como a cubana Yeti, que chegaram a amamentar. Ela havia acabado de parir, mas todos os seus filhotes, menos um, foram doados, portanto havia leite de sobra. Na mesma época, algumas leitoas deram cria, e Yeti não perdeu tempo: adotou 14 leitõezinhos, embora as mães estivessem vivas. Eles seguiam a nova mãe para todos os lados, e o mais importante nesse caso: foram amamentados por ela.[4]

Essa é uma forma consciente de adoção ou será que Yeti apenas tinha sentimentos maternos de sobra? Também é possível fazer essa pergunta com relação às adoções humanas, em que as pessoas têm um forte desejo e encontram uma válvula de escape para ele. Podemos pensar até na adoção e na criação de cães e outros animais domésticos como uma adoção interespécies – afinal, muitos animais são acolhidos quase como membros da família.

Há casos, porém, em que o excesso de hormônios ou de leite materno não influenciou a adoção. A gralha Moses é um comovente exemplo disso. Quando um pássaro perde a ninhada, a natureza lhe oferece uma segunda chance de dar vazão a seus instintos: ele pode simplesmente recomeçar do zero e chocar uma nova. Assim, em tese não há motivos para uma gralha solitária como Moses exercitar seus instintos maternais com filhos adotivos, mas foi exatamente isso que aconteceu, ressaltando que sua "cria" era um inimigo em potencial – um filhotinho de gato abandonado. O animalzinho havia perdido a mãe e não se alimentava havia muito tempo quando apareceu no quintal de Ann e Wally Collito, moradores de North Attleboro, Massachusetts. E foi com incredulidade que o casal assistiu ao desenrolar da história: a gralha passou a proteger o gato órfão de forma ostensiva e a alimentá-lo com minhocas e besouros. Ao mesmo tempo, os Collito não se omitiram e passaram a dar ração ao gato. A amizade entre o pássaro e o felino se manteve até a idade adulta, até que, após cinco anos, o pássaro simplesmente sumiu.[5]

Voltando aos instintos, acho que não importa se o amor materno é desencadeado por comandos do inconsciente ou reflexões conscientes, afinal o sentimento resultante é igual nos dois casos. O que está claro é que a espécie humana é capaz de amar das duas formas, embora o amor instintivo, provocado pelos hormônios, seja a mais comum. Mesmo que os animais não possam desenvolver de forma consciente o amor materno (caso fosse possível, a adoção interespécies ficaria sem explicação), eles ainda têm a forma inconsciente, igualmente intensa e bela. O esquilo que carregava o filhote no pescoço pelo gramado escaldante do meu quintal fez esse sacrifício movido por um amor profundo, e saber disso torna a experiência ainda mais bela.

3. Amor pelos humanos

Os animais são de fato capazes de nos amar? Pelo exemplo da adoção dos esquilos, podemos concluir que, se já é difícil comprovar que existe amor entre animais da mesma espécie, imagine no caso de outras espécies – sobretudo o amor pelos humanos. Alguns podem até pensar que isso não passa de um desejo dos donos de animais de estimação que tentam arranjar uma desculpa para o fato de, em última análise, manter os animais em cativeiro. Mas, para descobrir se eles realmente podem nos amar, vamos começar analisando o elo entre mãe e filho, um tipo de amor especialmente forte, como eu mesmo pude comprovar quando criança.

Desde garoto tenho um interesse especial pela natureza e pelo meio ambiente. Sempre que podia estava ao ar livre, na floresta ou nos lagos artificiais formados ao longo do rio Reno. Eu imitava o coaxar dos sapos para ver se eles respondiam, prendia aranhas em potes de vidro para observá-las e criava tenébrios para vê-los se transformar em besouros pretos. À noite, ia para a cama e lia livros e mais livros sobre biologia comportamental. Num deles, descobri que os pintinhos se apegam a pessoas. Para isso, bastava pôr um ovo fertilizado para chocar e começar a "falar" com ele pouco antes de o pinto nascer. Assim, quando quebrasse a casca a avezinha formaria um elo com a pessoa, e não com uma galinha, e esse elo permaneceria por toda a vida.

Na época, meu pai criava galinhas e um galo no quintal, então peguei um ovo fertilizado. Como não tínhamos uma chocadeira elétrica, me virei com um velho cobertor elétrico. O problema é que, para ser chocado, o ovo precisa estar a uma temperatura constante de 38º C e ser virado diversas vezes por dia. Tudo que a galinha é capaz de fazer com perfeição por natureza eu sofria para imitar com um termômetro e um cachecol. Por 21 dias a fio, medi a temperatura do ovo, fiquei enrolando-o e desenrolando-o em mais ou menos camadas de cachecol e virando-o de forma meticulosa de um lado para outro. Dias antes da data prevista para o nascimento, comecei a falar. E, pontualmente no 21º dia, uma bolinha de penas e bico quebrou a casca do ovo e ganhou liberdade. Batizei-a de Robin Hood.

O pintinho era lindo, com suas penas amarelas cheias de pontinhos pretos. Ele vivia olhando fixamente para mim, não desgrudava e sempre que me perdia de vista começava a piar de modo frenético. Não importava se eu estava no banheiro, vendo TV ou deitado na cama, Robin estava sempre comigo. Eu só o deixava sozinho quando ia para a escola, e mesmo assim com muita dor no coração. Quando voltava, era recebido com festa. Só que, com o passar do tempo, esse vínculo tão íntimo começou a me incomodar. Meu irmão ficou com pena de mim e passou a me ajudar a cuidar de Robin Hood para eu poder fazer alguma coisa sem o pinto por perto de vez em quando, mas também acabou se cansando. A essa altura, Robin Hood já era jovem, e decidimos dá-lo a um velho professor de inglês que adorava animais. Os dois logo ficaram amigos, e por muito tempo foi possível vê-los passeando juntos no vilarejo vizinho: o professor caminhando e Robin empoleirado em seu ombro.

Pode-se dizer que Robin estabeleceu um relacionamento verdadeiro com seus cuidadores humanos, e muitas pessoas que fizeram ou fazem o papel de mãe para um animal jovem contam histórias semelhantes. Os cordeirinhos que minha mulher alimenta com a mamadeira ficam apegados a ela pela vida inteira. Nesses casos, o ser humano faz o papel da mãe adotiva, porém esse vínculo não é tão voluntário para o animal, mesmo que ele deva a vida a seu cuidador. Seria mais significativo se um animal se juntasse a nós por livre escolha. Mas será que isso já aconteceu?

Para descobrir a resposta, precisamos deixar o amor materno de lado e abrir o leque de opções. Vamos procurar um caso em que o animal tenha crescido e decidido se permaneceria com o ser humano ou iria embora. A maioria dos cães e gatos é adotada ainda filhote e não tem escolha, mas isso deve ser visto de forma positiva: após alguns dias de adaptação, em que o animal provavelmente ainda sente a dor da separação da mãe, os filhotes com semanas de vida logo se apegam ao dono e, assim como os cordeirinhos alimentados pela minha mulher, mantêm um laço estreito com ele pelo resto da vida. Esse elo é bom para todos, mas fica a questão: existem animais adultos que começam a se relacionar com pessoas por vontade própria?

No caso dos animais domésticos, a resposta é um sonoro sim. Existem inúmeros exemplos de cães e gatos que praticamente forçam a criação de vínculos com seres humanos. Mas para responder a essa pergunta prefiro explorar o mundo dos animais selvagens, não domesticados ao longo do tempo através da reprodução seletiva, portanto sem predisposição genética para estabelecer elos com pessoas. Além disso, quero excluir outra possibilidade: a domesticação pela alimentação. Os animais selvagens que são alimentados só se aproximam do ser humano para comer, portanto, até certo grau, aprendem a tolerar nossa presença – e até se habituam a ela. Nossos antigos vizinhos de porta descobriram isso da pior forma possível, quando começaram a alimentar um esquilo. Durante semanas, ficaram atraindo o animal com nozes, até que ele se tornou praticamente um membro da família. Mas se por um dia sequer não deixassem nozes perto da porta na hora de sempre, o esquilo ficava impaciente e arranhava o caixilho das janelas. Resultado: em poucas semanas, destruiu as janelas com suas garras afiadas como facas.

A maioria das amizades entre animais selvagens e seres humanos ocorre no mar – entre pessoas e golfinhos. Um dos casos mais conhecidos é o de Fungie, que vive na baía de Dingle, Irlanda. Com frequência, ele é visto acompanhando pequenos barcos de passeio e dando cambalhotas para os visitantes. Tornou-se uma verdadeira atração turística da região, chegando a ser anunciado em panfletos oficiais de turismo. É possível entrar na água com ele sem medo: Fungie nada com as pessoas e lhes proporciona momentos de grande felicidade. E o mais importante é que é dócil sem esperar nada em troca – na verdade, rejeita alimentos.

Fungie mora há mais de 30 anos na baía de Dingle, e é difícil imaginar a vida na cidade sem ele. A maioria das pessoas acha essa história comovente, mas não todas. O jornal alemão *Die Welt* perguntou a cientistas se o golfinho não seria simplesmente louco. Será que o solitário animal estabelece contato com seres humanos porque os outros golfinhos o rejeitam?[6]

Embora seja comum ver casos de seres humanos e animais se tornando amigos por motivos semelhantes – por exemplo, por se sentirem solitários após perderem um parceiro –, quero investigar a questão tomando por base os animais terrestres selvagens. E essa não é uma tarefa fácil, pois, via de regra, animais selvagens não buscam contato com seres humanos. Além do mais, eles são caçados por nós há milênios e por isso, ao longo da evolução, desenvolveram certa cautela em relação a nós – quem não foge a tempo corre perigo de morte.

Essa regra ainda vale para muitas espécies hoje em dia, como se pode comprovar lendo a lista de animais cuja caça é permitida. Não importa se são mamíferos quadrúpedes grandes (como cervos, corças e javalis), pequenos (como raposas e lebres) ou mesmo pássaros (desde corvos, passando por gansos e patos, até frangos-d'água): anualmente, milhares deles são abatidos por armas de fogo. Portanto, é compreensível que essas espécies desenvolvam alguma desconfiança em relação a nós. E por isso ficamos tão comovidos ao ver uma criatura superar sua desconfiança natural e, apesar de tudo, buscar contato com o ser humano.

Mas o que pode motivar um animal selvagem a fazer isso? Temos que excluir as tentativas de atraí-los com comida, porque nesse caso não vamos saber se ele está se aproximando só porque a fome é maior que o medo. E o fato é que existe, sim, outra força motriz – que, aliás, também é fundamental para o ser humano: a curiosidade. Minha mulher e eu tivemos a sorte de encontrar pelo menos uma espécie curiosa: as renas da Lapônia. Elas não são totalmente selvagens, pois a população nativa, o povo indígena sami, é dona dos animais e, quando quer marcar ou separar alguns para o abate, usa helicópteros e quadriciclos para arrebanhá-los. Mesmo com esse contato, elas continuam sendo animais selvagens e em geral se mostram esquivas diante dos humanos.

Eu e minha mulher estávamos acampando nas montanhas do Parque Nacional de Sarek, e, como costumo madrugar, certo dia fui o primeiro a sair do saco de dormir, de manhã bem cedo. Passei um tempo contemplando o cenário estonteante da natureza intocada da região quando de repente percebi um movimento próximo. Várias renas estavam descendo uma encosta. Acordei minha mulher, para que ela também visse os animais. Enquanto tomávamos o café da manhã, mais renas foram chegando, até que ficamos rodeados pela manada inteira – cerca de 300 animais.

Eles permaneceram o dia inteiro perto de nós, e em dado momento um filhote se atreveu a chegar a poucos metros da barraca para tirar uma soneca à sombra. Nos sentimos no paraíso.

De repente, um grupo de pessoas passou por perto, e percebemos como esses animais são esquivos. O bando bateu em retirada, mas voltou um tempo depois. Dava para perceber claramente que alguns membros estavam muito interessados em nós. De olhos arregalados e narinas abertas, tentavam entender o que éramos. Foi a melhor experiência da viagem. Não sabemos por que se mostraram tão confiantes ao nosso redor. Talvez nossa linguagem corporal demonstre mais calma do que o normal porque interagimos todo dia com animais e isso nos tenha feito parecer menos perigosos.

Qualquer pessoa pode viver experiências semelhantes em áreas de caça proibida. Seja nos parques nacionais da África, nas ilhas Galápagos ou na tundra do extremo norte – lugares em que as espécies ainda não tiveram más experiências com o ser humano –, os animais deixam as pessoas se aproximar, e às vezes alguns exemplares curiosos chegam perto para ver o hóspede estranho perambulando em seu território. Esses encontros são especialmente satisfatórios, pois são espontâneos para ambas as partes.

É difícil provar que um animal possa amar um ser humano de forma espontânea – para o pintinho Robin Hood, por exemplo, foi inevitável desenvolver sentimentos por mim. Mas o contrário acontece? Todo dono de gatos, cães e outros animais domésticos afirma que o ser humano é capaz de amar os animais, mas que tipo de amor é esse? Alguns diriam que as pessoas simplesmente projetam os sentimentos nos animais. Para eles, os animais são apenas substitutos para filhos, companheiros que perderam ou amigos distantes. Esse assunto é um campo minado que prefiro evitar, mas, quando falamos sobre sentimentos de animais, devemos nos perguntar o que nosso apego emocional causa neles. Primeiro, ele de fato deforma os animais, porque, na maior parte do mundo, há muito tempo cães e gatos deixaram de ser criados para ajudar na caça a lebres, corças ou ratos. Em vez disso, hoje em dia eles têm sido adaptados para satisfazer, tanto em personalidade quanto em aparência, ao nosso desejo de ter algo para abraçar e acariciar.

O buldogue francês é um bom exemplo: antigamente eu o achava feio e pensava que aquele focinho achatado e enrugado representava uma desvantagem para a raça, pois é tão prejudicial para a respiração que o cãozinho respira roncando. Mas então conheci Crusty, um macho cinza-azulado do qual passamos a cuidar de vez em quando. Foi amor à primeira vista, e desde então parei de me importar com a origem da raça. Enquanto outros cães se cansavam após cinco minutos de carinho, Crusty adorava receber afago por horas a fio. Quando eu parava, ele batia o focinho na minha mão pedindo mais e me encarava com aqueles olhos arregalados. O que ele mais gostava de fazer era dormir sobre a barriga do dono, roncando satisfeito.

Será que a reprodução seletiva pode ser ruim para o cão? Não resta dúvida de que o buldogue francês foi criado para ser um animal de colo, uma espécie de bicho de pelúcia vivo. Não pretendo julgar a ética por trás disso. Para mim, a questão mais importante é: como o cão se sente? Se a manipulação genética o faz ter uma enorme necessidade de receber carinho e se sua aparência induz todos (todos mesmo!) a satisfazerem essa necessidade de imediato, o cão tem um problema? Ao que tudo indica, ele adora o carinho, portanto homem e animal obtêm aquilo que desejam.

A questão é que a origem da necessidade do cão, a mutação genética através da reprodução seletiva, tem um traço artificial. Isso é muito diferente de quando o dono ignora as necessidades dos animais – sejam elas naturais ou causadas por procriação – ou é tão egoísta que passa a tratar o animal como gente. Nesses casos, o animal pode sofrer de superalimentação, sedentarismo, falta de exposição ao ar livre (através de, por exemplo, caminhadas na areia). Isso provoca graves problemas de saúde ao animal e pode até matá-lo.

4. Capacidade de sentir

Antes de mergulharmos fundo na vida secreta dos animais, devemos nos perguntar outra vez se tudo isso não é meio absurdo. Afinal, pelo menos de acordo com a ciência hoje em dia, precisamos de certas estruturas cerebrais para processar os sentimentos. O sistema límbico permite que o ser humano vivencie toda a gama de alegrias, tristezas, medos e desejos, e, com o auxílio de outras áreas do cérebro, desencadeia as reações correspondentes do corpo.[7] Essas estruturas cerebrais são bastante antigas em termos evolutivos, por isso muitos mamíferos as possuem. Cabras, cães, cavalos, vacas, porcos – a lista poderia se estender longamente. Segundo pesquisas recentes, porém, não são apenas mamíferos que estão nessa lista, mas também pássaros e até peixes, que no ranking dos biólogos se encontram num estágio bem inferior da evolução.

No caso dos animais aquáticos, foram pesquisas sobre a dor que nos conduziram ao tema dos sentimentos. O ponto de partida foi uma dúvida: será que os peixes sentem dor quando são içados pelos anzóis? O que hoje você talvez considere óbvio foi, durante muito tempo, visto como algo improvável. Quando você vê fotos de pesqueiros com redes cheias de animais vivos sufocando ou vídeos de peixes estrebuchando presos a um anzol, é inevitável perguntar, à luz da discussão atual sobre o bem-estar dos animais: como a sociedade pode tolerar algo assim? Provavelmente isso acontece não por maldade, mas por aceitarem a suposição não comprovada de que os peixes são criaturas que nadam nos rios e mares sem sentir nada.

Victoria Braithwaite, docente da Penn State University com doutorado em Oxford, fez uma descoberta que vai na contramão dessa ideia. Anos atrás, localizou mais de 20 receptores de dor justamente na região da boca que costuma ser perfurada pelo anzol.[8] Isso, por si só, prova apenas que existe a possibilidade de o animal sentir uma dor fraca no local. Mas Braithwaite foi além: estimulou as zonas identificadas com picadas de agulha, desencadeando reações na parte posterior do cérebro dos animais aquáticos, mesmo local onde o ser humano processa os estímulos de dor. Com isso, comprovou que os ferimentos causam sofrimento aos peixes.

Mas e quanto aos sentimentos? Vejamos o exemplo do medo. Nos seres humanos, ele é produzido na amígdala. Embora a suspeita fosse antiga, demoramos muito para comprovar esse fato. Foi somente em janeiro de 2011 que cientistas da Universidade de Iowa publicaram uma pesquisa sobre uma mulher identificada como S.M., que tinha medo de aranhas e cobras, até que as células de sua amígdala morreram em decorrência de uma doença rara. Claro que isso foi trágico para S.M., mas, para os cientistas, representou uma oportunidade única de investigar os efeitos da perda da amígdala. Assim, eles levaram S.M. a uma loja de animais e a colocaram frente a frente com as espécies que tanto temia. Ao contrário do que acontecia antes, a mulher conseguiu até tocar os animais e, segundo relatou, não sentiu medo algum, apenas curiosidade.[9] Com isso, localizamos exatamente em que lugar do corpo nasce o medo na espécie humana. Mas e quanto aos peixes?

Manuel Portavella García e sua equipe da Universidade de Sevilha encontraram estruturas semelhantes às nossas em áreas mais externas do cérebro do peixe, onde ninguém havia procurado. (No nosso caso, o centro do medo está localizado na parte mais interna e inferior do cérebro) Para isso, treinaram peixinhos dourados a se afastarem rapidamente de um canto do aquário assim que uma lâmpada verde se acendesse – do contrário, seriam atingidos por uma descarga elétrica. Em seguida, paralisaram uma parte do cérebro dos peixes, o telencéfalo, que corresponde ao nosso centro do medo. A partir de então os peixes perderam o medo e passaram a ignorar a luz verde, da mesma forma que S.M. perdeu o medo de aranhas e cobras. Tomando essa comparação como base, os pesquisadores concluíram que peixes e vertebrados terrestres herdaram as mesmas estruturas cerebrais de seus antepassados em comum, que viveram há pelo menos 400 milhões de anos.[10]

Portanto, há muito tempo os vertebrados possuem o equipamento para os sentimentos. Mas isso significa que todos sentem o mesmo que nós? Muitas informações apontam nessa direção. Cientistas descobriram que os peixes produzem oxitocina, hormônio que não só proporciona a felicidade materna como também fortalece os laços afetivos com um parceiro. Então os peixes podem amar e ser felizes? Não conseguiremos provar que sim, mas por que não oferecer ao peixe o benefício da dúvida? A ciência já afirmou tantas vezes que os animais não têm sentimentos que essa visão acabou se tornando a mais difundida, mas não seria melhor acreditar que eles têm sentimentos e passar a evitar que sofram sem necessidade?

Nos capítulos anteriores, descrevi os sentimentos como nós os vivemos. Essa talvez seja a única forma de começar a entender o que se passa na cabeça dos animais. No entanto, mesmo que as estruturas cerebrais deles sejam diferentes das nossas e que, com isso, eles provavelmente vivenciem as situações de outra maneira, isso não significa que não tenham sentimentos – apenas que é mais difícil imaginar como podem ser os sentimentos deles. Veja o caso da mosca-das-frutas, cujo sistema nervoso central tem 250 mil células, ou seja, é 400 mil vezes menor que o nosso. Será que essas criaturas minúsculas, com tão pouca capacidade cerebral, podem sentir alguma coisa? Será que têm consciência (o que seria o ápice da realização desse animal)?

Infelizmente, a ciência ainda não é capaz de responder a essa pergunta, em parte porque o conceito de "consciência" não pode ser definido com precisão. A melhor definição que temos de consciência é "ato de pensar e refletir sobre o que já foi vivido ou lido". Neste exato momento você está pensando neste texto, portanto tem uma consciência. E descobrimos que a mosca-das--frutas possui as condições necessárias para ter consciência, mesmo que num nível bastante básico. Assim como acontece com o ser humano, a cada instante as moscas recebem um bombardeio de estímulos ambientais. O perfume de rosas, os gases de escapamento, a luz solar, uma leve brisa; tudo isso é registrado por diferentes células nervosas que trabalham de forma independente umas das outras. E como a mosca filtra, dessa enxurrada de sensações, o que é mais importante para se manter longe do perigo e ao mesmo tempo enxergar o alimento? O cérebro dela processa as informações e garante que suas diferentes áreas sincronizem suas atividades e, com isso, intensifiquem determinados estímulos. Assim, a mosca é capaz de focar em algo que lhe interesse em meio a milhares de outros estímulos. Portanto, pode dirigir a atenção a coisas específicas, como nós.

Os olhos da mosca-das-frutas são formados por cerca de 600 facetas individuais. Como esses pequenos insetos se movimentam em alta velocidade, seus olhos são bombardeados por um enorme número de imagens por segundo. Parece quase impossível de assimilar, mas a verdade é que essa característica é vital para a mosca: tudo o que se move pode ser um predador voraz. Por isso, o cérebro do inseto tira o foco de imagens imóveis e se concentra apenas nos objetos animados. Pode-se dizer que ela se concentra no essencial, uma capacidade certamente inimaginável em seres tão minúsculos. Aliás, o ser humano faz algo semelhante: nosso cérebro só permite que as imagens importantes captadas pelos olhos cheguem à nossa consciência, impedindo o acesso de todas as outras imagens. Portanto, cabe perguntar: as moscas têm consciência? A ciência não chega a ponto de afirmar isso, mas está claro que elas são capazes de, no mínimo, controlar a própria atenção.[11]

Mas voltemos às variações da estrutura cerebral das espécies. Embora vertebrados inferiores também tenham o órgão básico, o cérebro, eles precisariam de algo mais para ter a gama de sentimentos que nós temos. De vez em quando surgem matérias afirmando que só é possível ter sentimentos intensos e conscientes quando se possui um sistema nervoso central complexo como o nosso. A palavra-chave, neste caso, é "conscientes". Os sulcos e reentrâncias da camada mais externa do nosso órgão do pensamento – o neocórtex – correspondem à parte mais recente na história da evolução. Nele se originam a autopercepção e a consciência, e também é onde acontece o pensamento. O ser humano tem mais células de neocórtex do que qualquer outra espécie. Portanto, logo abaixo da caixa craniana fica a maior conquista do ser humano. Assim, é lógico pensar que todos os outros seres do planeta têm menos sentimentos e são menos inteligentes que nós, certo? Veja o que diz Robert Arlinghaus, o primeiro professor de pesca e piscicultura da Alemanha e coautor de um estudo para o governo do país sobre dores em peixes. Numa entrevista à *Spiegel Online*, ele enfatizou que os peixes não podem sentir dor como nós nos ferimentos causados pelo anzol pois não possuem neocórtex, portanto não têm consciência da dor.[12] Tirando o fato de outros cientistas discordarem (como você verá a seguir), isso soa mais como uma justificativa para o próprio hobby do que como uma apreciação científica objetiva e cuidadosa.

Muitos usam um argumento semelhante para justificar a captura de crustáceos,[13] sobretudo a lagosta, o mais conhecido deles. Comer lagosta é sinal de status, mas o animal morre após ser jogado *ainda vivo* em água fervente e cozido até adquirir aquela cor vermelha intensa. Enquanto os vertebrados precisam ser mortos antes de virarem comida, é perfeitamente aceitável jogar os crustáceos vivos na panela fervendo, com todos os seus sentidos intactos. Pode demorar alguns minutos até o calor cozer por completo o interior do animal e destruir suas terminações nervosas. Os crustáceos não têm coluna vertebral, mas, sim, um exoesqueleto. É mais difícil comprovar que espécies como essa sintam dor porque seu sistema nervoso conta com uma estrutura diferente das espécies que têm esqueleto interno, como o ser humano.

Os cientistas que argumentam a favor da indústria alimentícia asseguram que as reações do animal na água fervente são apenas reflexos, mas o professor Robert Elwood, da Universidade de Belfast, discorda: "Negar que caranguejos sentem dor só porque não têm a mesma estrutura corporal que nós é o mesmo que afirmar que não podem ver porque não têm córtex visual (área do cérebro humano responsável pela visão)".[14] Além do mais, a dor é resultante de ações reflexivas, como qualquer um pode comprovar ao encostar a mão numa cerca elétrica. Querendo ou não, a pessoa tira a mão da cerca imediatamente após levar um choque. Essa reação é resultado de puro reflexo e ocorre sem qualquer pensamento, mas isso não torna o choque menos doloroso.

Será que só existe o modo humano de vivenciar sentimentos de forma intensa e, talvez, consciente? A evolução não é a pista de mão única que imaginamos (ou até desejamos). Apesar de grande parte das espécies de pássaros ter um cérebro minúsculo, eles mostram que também há outros caminhos que levam à inteligência. Desde a época de seus ancestrais, os dinossauros, eles têm trilhado um caminho evolutivo diferente do nosso. Mesmo sem neocórtex, são capazes de performances mentais complexas. Uma região chamada crista ventricular dorsal tem tarefas e funções semelhantes às do córtex humano. Enquanto o neocórtex é estruturado em camadas, a crista ventricular dorsal consiste de pequenos núcleos de neurônios, fato que por muito tempo nos fez duvidar de que teriam função semelhante à do neocórtex.[15] Hoje, porém, sabemos que corvos e outras espécies que vivem em sociedade possuem cérebros que têm desempenho tão bom ou até melhor que os de primatas. Mais uma prova de que, na dúvida, a ciência é conservadora demais quanto à existência de sentimentos nos animais, só admitindo que eles têm diversas capacidades mentais quando há uma prova irrefutável. Mas, em vez dessa postura, não seria mais simples (e correto) dizer apenas que não sabe?

Antes de terminar este capítulo, quero falar sobre outro ser da floresta, um organismo acéfalo no sentido mais literal da palavra. Ele pode ser encontrado na madeira em decomposição, onde forma um "tapetinho" amarelo: um fungo. Ué, este livro não é sobre animais? Sim, mas a ciência não sabe ao certo como categorizar essa espécie de fungo em particular. Já é difícil definir no caso dos fungos normais, que, por não se enquadrarem bem nem no reino animal nem no vegetal, acabam formando um terceiro reino. Assim como os animais, os fungos se alimentam da matéria orgânica de outros seres vivos. Além disso, suas paredes celulares são formadas por quitina, como o exoesqueleto dos insetos. Os fungos mucilaginosos, que formam o tapetinho amarelo na madeira morta, são capazes até de se deslocar. À noite, como se fossem uma água-viva, escapam do frasco usado para conservá--los. Recentemente, a ciência os tirou da categoria dos fungos e os acomodou um pouco mais perto dos animais.

O fato é que os pesquisadores andam tão fascinados por algumas espécies de fungos mucilaginosos que vêm fazendo observações sistemáticas em laboratório. O *Physarum polyce-phalum* é uma delas. Ele adora flocos de aveia. Basicamente, a criatura é uma única e gigantesca célula com inúmeros núcleos. Os pesquisadores têm colocado esse organismo viscoso unicelular em um labirinto com duas saídas, uma delas com alimento como recompensa. O fungo, por sua vez, se espalha pelos corredores com o passar dos dias e descobre a saída correta. Para isso, claramente usa o próprio rastro para saber por onde já passou, e então evita esses caminhos, pois não o conduzem ao alimento. Na natureza, esse é um comportamento que proporciona benefícios práticos. A criatura sabe onde já procurou comida e, portanto, não encontrará nada. Para uma criatura sem cérebro, achar a saída de um labirinto é um grande feito. Os cientistas concluíram que o *Physarum polycephalum* possui um tipo de memória espacial.[16]

Pesquisadores japoneses levaram esse conhecimento a outro nível: construíram um labirinto com a forma das principais vias de transporte de Tóquio. Depois, colocaram o fungo em uma superfície úmida sobre o ponto que representava o centro da cidade e alimentos marcando os principais bairros. O fungo iniciou sua jornada e causou grande surpresa quando alcançou as saídas usando os caminhos ideais, mais curtos: o traçado correspondia à malha ferroviária da megalópole.[17]

Adoro o exemplo do fungo mucilaginoso porque ele mostra que não precisamos de muita coisa para refutar a ideia de que a natureza é primitiva e os animais são estúpidos e não têm sentimentos. Essas criaturas não contam com nenhuma das estruturas básicas descritas nos capítulos anteriores; portanto, se organismos unicelulares como os do exemplo anterior têm memória espacial e são capazes de realizar tarefas tão complexas, quantos sentimentos e capacidades podem comportar animais com mais de 250 mil células cerebrais, como a mosca-das-frutas? Tendo em vista que pássaros e mamíferos são muito mais semelhantes a nós em termos de estrutura física, eu não me surpreenderia se fosse descoberto que eles possuem uma gama de sentimentos e sensações igual à nossa.

5. Inteligência suína

O porco doméstico descende do javali, que nossos ancestrais consideravam uma fonte de carne. Cerca de 10 mil anos atrás, o javali foi domesticado para garantir que estivesse facilmente disponível sem precisarmos partir em caçadas perigosas e criado para satisfazer às nossas demandas. Apesar da interferência humana, o porco de hoje em dia manteve os comportamentos do javali e, acima de tudo, sua inteligência.

Primeiro, vamos analisar o comportamento do javali. (Antes de mais nada, é bom deixar claro que o javaporco – cruzamento do porco doméstico com o javali –, animal encontrado nos Estados Unidos, descende dos porcos que haviam sido domesticados mas fugiram, por isso também tem um comportamento parecido com o do javali).[18] Ele reconhece os parentes, mesmo que a relação de sangue seja distante. Pesquisadores da Universidade Tecnológica de Dresden fizeram essa descoberta sem querer, enquanto estudavam os territórios dos grupos familiares, também conhecidos como varas. Para o estudo, um total de 152 javalis foi capturado ou sedado, depois equipado com um transmissor e enfim libertado. Dessa maneira, foi possível saber por onde andavam à noite. Os pesquisadores descobriram que, no geral, há poucas sobreposições entre territórios de varas vizinhas. Em média, esses territórios têm apenas de 4 a 5 quilômetros quadrados – muito menos do que se supunha.[19]

Para demarcar território, o javali chafurda na lama e depois se esfrega nas árvores, impregnando-as com seu odor. Essas marcas odoríferas, porém, não são permanentes, por isso as fronteiras não são fixas. Assim, é normal que de vez em quando javalis acabem indo aonde não deviam. Em geral, quando javalis desconhecidos se encontram há confrontos violentos, por isso o animal prefere evitar esses embates e é raro haver invasão de javalis que não sejam parentes dos "donos do território". Por outro lado, quando as varas vizinhas são parentes, compartilham até 50% do território. Isso mostra que o javali lida de forma bem mais amistosa com membros da família – ainda que o parentesco seja distante – do que com estranhos e, o mais importante: ele é capaz de identificar os parentes.

A dispersão familiar começa quando os filhotes nascidos no ano anterior são expulsos do território perto da época do nascimento da prole seguinte, pois a mãe não terá tempo para cuidar dos mais velhos, que a essa altura já estão bem independentes. Os javalis são muito sociáveis e adoram ajudar uns aos outros no asseio ou simplesmente se deitar juntos, por isso os irmãos da mesma prole formam uma vara própria e continuam vivendo em grupo. Se a vara de ex-filhotes desgarrados e a velha família (agora com novos filhotes) se reencontram, o clima é de paz. Eles se reconhecem e se dão bem.

Já me questionei diversas vezes se cabras ou coelhos são capazes de identificar seus filhos já adultos no grupo. Após observá-los por muito tempo, acho que posso responder que sim. Mas existe uma condição: os animais não podem ser separados. Se passarem muitos dias em cercados diferentes, começam a tratar uns aos outros como estranhos. Talvez a memória de longa duração desses animais não esteja programada para o armazenamento de parentescos, mas esse não é o caso dos javalis e talvez nem, portanto, dos porcos domésticos, pois eles se lembram de seus parentes por muito tempo. Para os porcos domésticos isso não tem muita utilidade, pois infelizmente eles são separados dos pais, criados apenas em grupos de animais da mesma idade e em geral não vivem mais que um ano.

Hoje em dia se sabe que os porcos são animais extremamente limpos. Preferem usar sempre o mesmo lugar para fazer suas necessidades, que nunca é onde dormem, afinal quem quer dormir numa cama fedorenta? Isso também vale para javalis. Portanto, quando vemos fazendas de criação com seus boxes minúsculos – 1 metro quadrado para cada animal – e suínos imundos ali dentro, cobertos de estrume, dá para imaginar como devem estar se sentindo desconfortáveis.

Na vida selvagem, os javalis adaptam o local onde dormem de acordo com o clima e a estação do ano. Eles escolhem o lugar com todo o cuidado e tentam usá-lo sempre que possível. No entanto, quando cai uma tempestade, se mudam para uma área onde possam dormir protegidos do vento e permanecer relativamente secos. No verão, sentem muito calor, portanto o chão da floresta basta. No inverno, porém, eles escolhem bem onde vão dormir: o ideal é um cantinho aconchegante no meio de um arbusto para se proteger do vento e com apenas duas ou três saídas. Ali dentro, fazem uma cama de grama seca, folhas, musgos e outros materiais macios.

Além de tomar todo esse cuidado, o javali ainda precisou inverter seu ritmo circadiano normal e se tornou notívago, passando a ficar acordado à noite. Isso aconteceu porque, só na Alemanha, todos os anos 650 mil javalis são mortos por caçadores, que atuam principalmente sob a luz do dia.[20] Para evitá-los, o javali passou a ficar mais ativo de noite.

A escuridão da noite protegeria o javali, pois a caça só era permitida durante o dia, mas, para que os caçadores voltassem a encontrar os javalis em movimento, alteraram o horário de caça.

Os caçadores são proibidos de usar óculos de visão noturna, por isso precisam esperar pela lua cheia e torcer para que o tempo fique bom. Eles atraem os javalis com pequenas porções de milho, um de seus alimentos preferidos. A ideia é atirar enquanto eles comem. Mas os javalis são inteligentes e não se deixam enganar tão fácil; simplesmente esperam para se alimentar nas primeiras horas da manhã. O problema é que a indústria da caça tem uma carta na manga: o relógio de caça, dispositivos que, quando ativados, funcionam como um relógio normal, mas param ao menor movimento. Eles são colocados no meio do milho para indicar quando o animal chega para comer. Com essa informação, o caçador pode ficar de tocaia no horário certo e não precisa esperar muito até a presa aparecer.

No fim das contas, porém, parece que os javalis continuam em vantagem. Em alguns casos, eles se alimentam dessa isca, que é uma parcela importante de sua alimentação, e, apesar de serem caçados, se reproduzem tão rápido que, em muitos lugares, a tentativa de reduzir sua população é considerada um fracasso. Nos Estados Unidos, em geral o javaporco é considerado um animal diurno se for deixado em paz, mas, quando há atividade humana intensa por perto ou se caçadores se aproximam durante o dia, se comporta como o javali: torna-se notívago.

Algumas pesquisas sobre porcos têm feito descobertas comoventes a respeito dos porcos domésticos, apesar de serem voltadas apenas para a melhoria das condições das fazendas de criação de porcos confinados. Quando o jornal alemão *Die Welt* perguntou a Johannes Baumgartner, da Universidade de Medicina Veterinária de Viena, se havia encontrado algum caso excepcional, o professor contou a história de uma velha leitoa que dera à luz 160 filhotes e lhes ensinara a fazer ninhos de palha. Quando suas filhas alcançaram a idade adulta, ela as ajudou a se preparar para o parto.[21]

Se a ciência tem tantas informações sobre a inteligência dos suínos, por que elas não são amplamente veiculadas? Presumo que seja por causa do consumo de carne de porco. Se as pessoas descobrirem que tipo de animal estão comendo, perderão o apetite. É mais ou menos o que acontece com os primatas: quem seria capaz de comer carne de macaco?

6. Gratidão

Aessa altura já deve estar claro que, seja por vontade própria, condicionados pelas circunstâncias em que se encontram ou pelo desejo humano, os animais amam as pessoas (e vice-versa). Considero a gratidão um sentimento próximo do amor, e estou certo de que os animais também têm esse sentimento. Qualquer dono de um cão adotado que tenha passado por dificuldades pode confirmar isso.

Barry, nosso cocker spaniel, só entrou em nossa vida com 9 anos. Após a morte de Maxi, nossa cadela da raça munsterlander, queríamos evitar ter outro cão. Ou pelo menos era isso que achávamos. Enquanto minha mulher era totalmente contra um novo membro na família, minha filha tentava nos convencer do contrário. Eu não ofereci muita resistência, pois no fundo não conseguia imaginar minha vida sem um cão.

Certo dia, minha filha me acompanhou a uma feirinha onde um abrigo estava exibindo seus animais para adoção. Ficamos bastante decepcionados, pois só havia coelhos, e já tínhamos vários em casa. Passeamos o dia inteiro pela feira e não vimos um só cão. Quase no fim, porém, anunciaram que um futuro morador do abrigo seria apresentado ali: Barry. Disseram que era um macho bastante sociável, que ficava tranquilo dentro de automóveis e era castrado. Perfeito. Corremos para o estande, fizemos um pequeno passeio-teste com

Barry e combinamos de ficar com ele por três dias, como um período de experiência.

Esses dias de teste seriam importantes, pois minha mulher ainda não sabia de nada. À noite, quando Miriam chegou em casa, nossa filha se aproximou dela e disse: "Está vendo alguma coisa diferente aqui?" Minha esposa olhou ao redor e fez que não com a cabeça. "Olhe para baixo", sugeri. E foi então que aconteceu. No mesmo instante ela também ficou perdidamente apaixonada. Barry a encarou balançando o rabo, e de pronto minha mulher o acolheu em seu coração para o resto da vida. E o cão ficou grato, porque sua odisseia tinha chegado ao fim. Sua dona anterior, uma idosa que sofria de demência, tivera que se desfazer dele. Barry já havia morado com duas famílias até encontrar seu lar definitivo, nossa casa. Ele ficou até seus últimos dias achando que poderia mudar de dono outra vez, mas tirando isso era muito sociável e estava sempre alegre. Sentia-se grato.

Mas como medir ou, o que é quase tão difícil quanto isso, definir a gratidão? Alguns donos de animais consideram a gratidão um dever do animal, uma atitude que se espera pelo cuidado que recebe do ser humano. Não estimulo esse tipo de gratidão em animais, pois, para mim, isso não passa de uma forma de submissão carregada de subserviência. Em geral, a gratidão é vista como um sentimento positivo que nasce de uma experiência agradável. Para sentir gratidão, é preciso reconhecer que alguém (ou a vida) fez algo de bom por você.

O político e filósofo romano Cícero considerava a gratidão a maior das virtudes do ser humano e afirmou que os cães são capazes de senti-la. Mas é aí que a situação complica: como saber se um animal reconhece quem ou o que lhe proporcionou uma experiência feliz? Ao contrário da alegria (sentimento fácil de perceber num cão), para sentir gratidão o cão teria que refletir sobre o que causou sua felicidade.

Seja como for, é simples responder a essa pergunta. Pense no exemplo da comida: o cão está feliz com a refeição e sabe quem encheu sua tigela. Na verdade, muitas vezes *pede* ao dono que a encha. Mas será que ele está sendo grato mesmo? Ou é só a forma dele de ser pidão? Para afirmar que ele se sente grato, não precisaríamos notar nele uma certa atitude perante a vida, uma capacidade de se alegrar com as pequenas coisas sem estar sempre querendo mais?

Vista sob esse prisma, a gratidão é a união da felicidade com a satisfação causada por circunstâncias alheias a nós. Infelizmente, ainda não podemos comprovar que os animais sentem gratidão, apenas especular sobre a atitude do animal em relação à vida. E, pelo menos no caso de Barry, minha família e eu temos certeza de que ele estava feliz *e* satisfeito por ter encontrado um lar definitivo, mesmo que não haja provas científicas disso.

7. Mentiras e trapaças

Os animais sabem mentir? Pensando no conceito de forma ampla, muitos sabem. Os sirfídeos (também conhecidos como moscas-das-flores) têm listras amarelas e pretas parecidas com as das vespas e "mentem" para os inimigos, fingindo que são perigosos. Porém, não devem ter consciência de sua estratégia, afinal já nascem com essa aparência, não fazem nada para tê-la. É o mesmo caso da borboleta da espécie *Inachis io* (também conhecida como borboleta-pavão). Com seus grandes "olhos" na parte superior da asa, ela dá a impressão de ser maior do que realmente é e grande demais para ser atacada.

Mas deixemos essas "mentiras passivas" de lado e vejamos quem são os verdadeiros mentirosos e trapaceiros do mundo animal. Um deles é o nosso galo, Fridolin, um imponente exemplar da espécie. Branco como a neve, um típico exemplar da raça Australorp, Fridolin vive com duas galinhas num cercado de 150 metros quadrados projetado para impedir a entrada de raposas e falcões. Duas galinhas são mais que suficientes para nossas provisões de ovos, mas Fridolin discorda dessa quantidade; não está nada satisfeito com um harém tão pequeno e, com seu ímpeto sexual, daria conta de algumas dezenas de amantes. No entanto, ele precisa se adaptar às circunstâncias e concentrar todo o seu amor em Lotta e Polly.

Acontece que as galinhas não gostam das constantes tentativas de acasalamento de Fridolin e fogem quando ele se apronta para dar o bote. Quando consegue pousar sobre Lotta ou Polly, Fridolin abre as asas para se equilibrar, segura a galinha pelas penas do pescoço e a pressiona contra o chão. No entusiasmo, às vezes chega a depená-la. Então, pressiona sua cloaca na da galinha e injeta o esperma. Assim que o ato sexual acaba, após apenas alguns segundos, a galinha se levanta, sacode o corpo e, pelo menos por um tempo, pode comer sem ser perturbada. Mas o ímpeto de Fridolin não demora a voltar, e, como nenhuma galinha se oferece para acasalar, o galo reinicia a caçada. Muitas vezes, corre atrás das fêmeas até ficar sem fôlego, e quando isso acontece a paz volta a reinar no galinheiro, mesmo que não por muito tempo.

Só que com o tempo Fridolin descobriu um jeito mais fácil de conseguir o que quer. Em geral, ele é um cavalheiro e só se alimenta depois de seu pequeno harém. Assim que recebe um alimento saboroso, solta um cacarejo especial para chamar Lotta e Polly. Acontece que, às vezes, não há comida. Fridolin mente descaradamente. Em vez de minhocas deliciosas ou sementes especiais, o que espera pelas galinhas é uma nova tentativa de acasalamento, muitas vezes bem-sucedida, pois Fridolin conta com o elemento surpresa. Contudo, se ele faz isso com muita frequência (e, como são apenas duas galinhas, basta que ele minta poucas vezes), Lotta e Polly passam a ser cautelosas mesmo quando o galo de fato encontra comida. Ninguém acredita num mentiroso, mesmo quando ele está contando a verdade.

Outras espécies de ave, como as andorinhas, também são capazes de fingir. Quando uma fêmea que ainda não pôs os ovos se ausenta do ninho, o macho dispara um chamado de alarme. A fêmea pensa que há uma emergência e volta o mais rápido possível. O macho produz esse alarme falso para evitar aventuras extraconjugais da fêmea. Quando ela põe os ovos, porém, as possíveis puladas de cerca deixam de ser uma preocupação, e os alarmes falsos desaparecem.[22]

O chapim, pássaro de cabeça branca e preta comum em várias partes do mundo, é outro exemplo de ave mentirosa. Ele tem uma linguagem sofisticada e a usa para alertar sobre a aproximação de predadores. Um desses predadores é o *Accipiter nisus* (também conhecido como gavião-da-europa), pequena ave de rapina semelhante ao falcão que gosta de caçar em jardins e quintais. A ave mergulha rápido como uma flecha para capturar pardais, sabiás ou chapins e devorá-los no arbusto mais próximo.

Quando um chapim detecta o perigo, adverte seus semelhantes com um som agudo fora da frequência auditiva do gavião, dando a eles a chance de se esconder e ficar em segurança. Quando a ave de rapina já está muito próxima, o alarme é dado em frequências mais baixas, o que significa que o ataque está mais iminente. Quando o predador ouve o som mais grave, sabe que seu ataque surpresa foi descoberto. Em geral, os chapins conseguem escapar.

O problema é que, na hora da comida, o chapim adota a estratégia do cada um por si, e alguns tiram vantagem desse eficiente sistema de alarme. Quando veem um alimento especialmente saboroso – ou quando há escassez de comida –, os mentirosos emitem o mesmo som de alerta de quando veem o gavião-da-europa. Rapidamente todos os outros chapins se colocam em segurança – ou quase todos, pois o trapaceiro fica sozinho, não foge e pode comer quanto quiser com toda a calma.

E quanto às infidelidades conjugais? Esse comportamento, que também é uma espécie de trapaça, é comum entre os pegas, espécie de corvídeo que tem relações conjugais duradouras e costuma viver por muitos anos no mesmo território. Tanto o macho quanto a fêmea defendem o território de forma agressiva, um comportamento que nitidamente adotam para evitar a infidelidade do parceiro, já que, quando a fêmea põe os ovos e a parte mais importante da procriação já foi concluída, o zelo com que defendem o próprio território diminui de forma considerável. Mas mesmo antes disso muitas vezes a defesa do território não passa de uma simulação, pelo menos por parte do macho. Enquanto a fêmea expulsa concorrentes intrusas com agressividade, o macho é oportunista. Se a fêmea está observando ou é capaz de ouvir o macho, ele expulsa as aves invasoras do sexo feminino. No entanto, quando sente que não está sendo observado, ele corteja a fêmea invasora.[23]

Alguns animais se valem de outras estratégias que não podem bem ser classificadas como mentiras. Há relatos de raposas que, ao contrário da borboleta-pavão, ludibriam outras espécies *de propósito*. Parte da estratégia de caça da raposa é se fingir de morta, às vezes até colocando a língua para fora de modo a ficar mais convincente. Um animal morto em campo aberto sempre atrai interessados, sobretudo corvos, que se alimentam de carne, mesmo que ela já não esteja fresca. No caso dessas raposas, a carne está fresca, e até demais. Quando o corvo tenta se alimentar, acaba se tornando a refeição.[24]

A raposa é mestre na arte da dissimulação e da trapaça, mas esse comportamento está longe de ser intencional, digamos assim. Em geral, a trapaça ocorre quando animais enganam membros da mesma espécie, dando-lhes informações falsas e passando-os para trás. O que a raposa faz é apenas utilizar uma estratégia de caça sofisticada e moralmente irrepreensível, ao contrário do galo Fridolin ou da pega macho que trai a companheira. Esses, de fato, enganam indivíduos que não só são da mesma espécie, como também são próximos.

Apesar de tudo, mesmo que esses casos de trapaça sejam condenáveis do ponto de vista ético, eu, pelo menos, fico encantado ao perceber como a vida secreta dos animais pode ser complexa.

8. Pega, ladrão!

Se a mentira é comum no mundo animal, o que se pode dizer dos roubos? Um bom ponto de partida para descobrir a resposta é pesquisar espécies que vivam em sociedade, pois, assim como a mentira, a ladroagem é uma característica que serve de parâmetro moral e só é considerada um comportamento ruim quando é relevante do ponto de vista social e exerce um impacto negativo em outros animais da mesma espécie.

No quesito roubo, o esquilo-cinzento americano é ardiloso, mas, antes de nos aprofundarmos, vamos ver como ele está se saindo na Europa, onde acabou se tornando uma verdadeira ameaça para o esquilo-vermelho nativo (cuja pelagem também pode ser castanha ou preta).

Em 1876, um certo Sr. Brocklehurst, de Cheshire, na Inglaterra, libertou um casal de esquilos-cinzentos que vivia em cativeiro, e, nos anos seguintes, dezenas de outros amantes dos animais fizeram o mesmo. Como forma de agradecimento pela liberdade, os esquilos-cinzentos se reproduziram com tanta persistência que seus parentes europeus quase entraram em extinção. O esquilo-cinzento é maior e mais robusto que o primo europeu, e se adapta a qualquer tipo de floresta, seja ela de árvores coníferas ou de frondosas. O maior perigo para os esquilos europeus, porém, é um passageiro clandestino que migrou junto com os esquilos-cinzentos: o poxvírus do esquilo.

A espécie americana é imune ao vírus, mas a europeia morre quando infectada.

Em 1948, o esquilo-cinzento também foi libertado no norte da Itália, e desde então vem avançando pelos Alpes. Não sabemos se um dia ele chegará ao topo das montanhas e iniciará sua marcha triunfal pelas florestas alemãs, mas não quero rotulá-lo como uma praga, afinal eles não são culpados de terem ido parar na Europa.

A verdade, porém, é que a superioridade do esquilo-cinzento sobre o europeu pode não ter a ver apenas com o vírus, mas também com seu comportamento, o que nos leva de volta ao tema do capítulo: roubo. Às vezes, os esquilos obtêm alimentos saqueando as provisões de inverno de outros esquilos. Em muitos casos, esse comportamento é necessário para a sobrevivência, como eu mesmo posso atestar, com base nas inúmeras vezes em que vou até a janela e fico observando esquilos procurarem em vão suas provisões durante o inverno. O esquilo, incapaz de lembrar onde guardou suas nozes, passa fome e, como último recurso, pode roubar a provisão de seus vizinhos. Não sei se os esquilos europeus desenvolveram uma estratégia contra essa prática, mas os cientistas concluíram que o esquilo-cinzento, sim, desenvolveu. Uma equipe da Universidade Wilkes, da Filadélfia, descobriu que, quando achavam que estavam sendo observados, os esquilos-cinzentos fingiam enterrar nozes em alguns dos buracos que cavavam, claramente para enganar outros da mesma espécie. Segundo os cientistas, essa é a primeira evidência de que roedores são capazes de empregar táticas para enganar outros animais. Quando observados por outros exemplares da mesma espécie, até 20% dos depósitos que os esquilos cavavam estavam vazios. Como parte do experimento, os pesquisadores instruíram estudantes a saquear os depósitos que continham alimentos. Resultado: a partir de então, os esquilos-cinzentos passaram a usar a estratégia anterior também na presença de humanos.[25]

O roubo também é muito comum entre os gaios, pássaros comuns no continente europeu. A espécie é uma verdadeira fanática por sobrevivência: no outono, cada ave enterra até 11 mil frutos de carvalho e faia no chão macio da floresta, embora sobreviva ao inverno com muito menos que isso. As oleaginosas servem não só como estoque de emergência até o próximo período de vegetação, como também de alimento para os filhotes na primavera. Mesmo levando esses fatores em conta, o gaio estoca alimentos em excesso. E tem uma memória incrível: encontra cada um dos milhares de depósitos com uma única bicada. Dos frutos não consumidos brotarão árvores, o que garantirá o suprimento das gerações futuras.

Na floresta que administro, usamos essa paixão do gaio por armazenamento para semear árvores frondosas nas antigas plantações de abeto. Funciona assim: colocamos bandejas cheias de sementes sobre estacas. Os gaios se servem e acabam espalhando sementes num raio de algumas centenas de metros. Assim, ambos se beneficiam: nós ganhamos preciosas árvores e o gaio pode aumentar ainda mais sua estocagem de inverno, sem esforço. Em alguns anos, porém, os carvalhos e as faias não florescem, e a situação fica difícil para o gaio. Se a população de aves aumenta nos anos de fartura, quando falta comida ela diminui. Esse impiedoso ciclo natural se repete desde o início dos tempos. Com isso, a maioria dos gaios tenta sobreviver na floresta de origem, mas alguns acabam migrando para o sul.

Assim como os esquilos, durante períodos de escassez os gaios observam onde outros da mesma espécie enterram seus tesouros. Como nenhum deles conseguirá cuidar de todos os esconderijos que cavou, os indivíduos ardilosos sobrevivem ao inverno sem dificuldade, à custa do trabalho duro dos outros.

Segundo pesquisadores da Universidade de Cambridge, as aves têm consciência das próprias trapaças. Para chegar a essa conclusão, montaram gaiolas com dois tipos diferentes de piso – algumas partes tinham areia; outras, cascalho. A areia produz pouco ruído ao ser escavada, mas as pedrinhas de cascalho fazem um barulho alto, e o fato é que os gaios levaram essa diferença em conta ao cavarem seus depósitos. Quando estavam sozinhos, cavavam nos dois terrenos; quando outros gaios podiam vê-los *e* ouvi-los, também. Agiram da mesma forma em ambos os casos porque, no primeiro, os concorrentes não saberiam onde estava o alimento e, no segundo, porque sabiam que qualquer outro gaio que estivesse olhando saberia os esconderijos de qualquer jeito.

No entanto, quando a concorrência não estava à vista, mas ainda estava no alcance auditivo, o gaio escolhia enterrar seu alimento na areia, material menos ruidoso, pois isso reduzia drasticamente a chance de possíveis ladrões saberem onde a comida estava. Os ladrões, por sua vez, também se comportavam de forma mais silenciosa: normalmente se comunicavam de maneira ruidosa quando viam outro da espécie, mas, enquanto observavam a comida ser escondida, faziam bem menos barulho que o normal, claramente para evitar que a outra ave notasse sua presença.[26]

Esse experimento comprovou dois fatos: primeiro, o pássaro que estava escondendo a comida era capaz de praticar a alteridade, ou seja, se pôr no lugar do que estava observando e levar em conta o que o outro via. Segundo, o futuro ladrão estava claramente planejando seu estratagema, pois evitava fazer barulho para aumentar a chance de, mais tarde, saquear o depósito de alimentos.

Como é de se imaginar, o roubo como subtração deliberada da propriedade alheia não existe apenas entre exemplares da mesma espécie. Durante o inverno, é possível encontrar vestígios do que de alguma forma pode ser considerado roubo interespecífico em várias florestas de árvores frondosas. Às vezes, há buracos de mais de meio metro de profundidade no solo, as bordas rodeadas por terra revirada. O culpado é o javali, que faz isso nos chamados "anos de engorda", em que há ampla frutificação das faias e dos carvalhos. No passado, esses anos eram verdadeiras dádivas para a população camponesa, que podia levar seus porcos domésticos até a floresta e deixá-los comer até se fartarem, para então abatê-los no inverno. Hoje em dia, porém, é proibido levar os animais para pastarem na floresta, pelo menos na Europa Central.

Assim como o porco doméstico, nesses anos o javali engorda a ponto de adquirir uma boa camada de gordura. Mas quando o presente inesperado acaba e não há mais fartura de frutos de faia e carvalho, ele parte em busca da sobremesa, que está escondida nas partes mais profundas do solo. É onde os camundongos enterraram suas provisões para o inverno. Mesmo em caso de fortes geadas, o solo não congela mais que alguns centímetros abaixo da camada de folhas, que serve de isolante térmico; portanto, na toca do camundongo sempre faz pelo menos 5 °C. Graças à ausência de vento e às camadas de musgo e folhagem fofa no solo, o camundongo sobrevive na toca sem dificuldades, pelo menos enquanto nenhum javali se aproxima.

O javali tem um olfato muito apurado e fareja a toca do pequeno roedor a metros de distância. Ele sabe que o camundongo armazena frutos de faias e de outras árvores em um só lugar. O que para o camundongo é um estoque gigantesco que dura meses não passa de um lanchinho para o javali, mas, como os camundongos costumam viver em grandes colônias, se o javali come vários desses lanchinhos acaba obtendo as calorias necessárias para sobreviver a um dia frio de inverno. Por isso, ele escava os túneis e vai esvaziando todas as reservas que encontra com apenas algumas abocanhadas.

Para o camundongo, só resta fugir e encarar um destino incerto, pois no inverno é muito difícil encontrar fontes de alimento. Caso não consiga escapar do javali, acabará se tornando a própria refeição, pois os javalis também comem carne. Se serve de consolo, o camundongo devorado ao menos será poupado de uma morte lenta por fome.

O que pensar desse comportamento do ponto de vista ético? A pilhagem não é bem um roubo, afinal o javali não está enganando um exemplar de sua espécie. Ele tem plena consciência de que está saqueando os suprimentos de camundongos, mas considera que essa é a uma forma normal de obter alimentos, mesmo que o camundongo enxergue a situação de um ângulo bem diferente.

9. Coragem

Se os animais funcionassem apenas de acordo com uma programação genética fixa, todos os exemplares de uma espécie reagiriam da mesma maneira à mesma situação. Um hormônio seria liberado e provocaria o comportamento instintivo correspondente. Mas não é assim que funciona, o que é fácil de perceber observando os animais domésticos. Existem cães corajosos e cães medrosos, gatos ariscos e gatos dóceis, cavalos chucros e cavalos mansos. O caráter de cada animal se desenvolve a partir de sua predisposição genética individual, mas também, em grande parte, por influência do ambiente, ou suas experiências de vida.

Nosso cão Barry, por exemplo, era muito desconfiado. Antes de nós, tivera outros donos. Passou o resto da vida com medo de ser abandonado outra vez e ficava muito nervoso quando o levávamos para visitar nossos amigos. Como um cão sabe se voltará a ser abandonado? Ele demonstrava o nervosismo ficando agitado e ofegante, até que, por fim, desistimos e passamos a deixá-lo sozinho em casa por algumas horas. Quando voltávamos, Barry estava sempre nitidamente relaxado. Mais tarde ele envelheceu e perdeu a audição, por isso passou a não perceber mais a nossa chegada e continuava cochilando; só acordava quando sentia o impacto dos pés no assoalho. Barry foi um exemplo de animal medroso, mas também queremos analisar a característica oposta, e para isso vamos entrar na floresta.

Certa vez vi um filhote de cervo especialmente corajoso que havia ultrapassado uma cerca na floresta junto com a mãe. Eu costumava construir cercas ao redor de monoculturas de píceas derrubadas por tempestades. Para a floresta se regenerar da maneira mais natural possível, os silvicultores plantavam árvores frondosas dentro dessa área. As cercas de arame tinham 2 metros de altura e protegiam as faias e os carvalhos jovens de herbívoros famintos. Um dia, porém, uma tempestade derrubou uma pícea que caiu sobre uma cerca. Alguns cervos atravessaram a abertura para se alimentar, entre eles a fêmea com o filhote. Ali eles não seriam incomodados por seres humanos e poderiam comer os deliciosos brotos de frondosas. Eu, porém, enxerguei a situação de maneira bem diferente. A cerca tinha custado caro e não servia para mais nada, e nosso objetivo de ter florestas de carvalhos e faias praticamente naturais estava indo por água abaixo.

Entrei no cercado com Maxi, minha cadela na época, para expulsar os visitantes indesejados e abri uma segunda fenda num canto da cerca, por onde esperava que os animais escapariam, pois os cervos só poderiam fugir de Maxi por ela. A cadela obedecia aos meus comandos a 100 metros de distância, correndo como uma flecha de um lado para outro e expulsando os intrusos escondidos nas moitas. Em dado momento, um dos cervos passou correndo a meu lado e saiu da área cercada, mas, quando se afastou uns 20 metros, parou, colou a barriga no chão, passou por uma abertura minúscula por baixo do cercado e voltou para dentro. O comportamento do filhote estava colocando em apuros tanto ele próprio quanto a mãe. A mãe começou a tentar expulsar o filhote depressa enquanto Maxi tentava enxotá-la pela abertura que eu tinha feito no arame.

Foi então que, de repente, o filhote se cansou: deu meia-volta e partiu com tudo na direção de Maxi, que costumava ser muito corajosa. Ela não tinha medo de quase nada, mas um cervo correndo para atacá-la era algo inédito. Perplexa, Maxi parou, mas, como o filhote continuou avançando em sua direção, ela fugiu em disparada. Para mim o dia acabou ali – deixei os cervos ficarem no terreno recém-plantado. Eles haviam perdido o respeito por Maxi. Tudo o que me restou fazer foi balançar a cabeça e dar uma risada; eu nunca tinha visto um filhote de cervo tão corajoso, sobrepondo-se inclusive à mãe, que era quem deveria ter intervindo para defender a cria.

Mas, afinal, o que é coragem? Este é outro daqueles termos com inúmeras definições vagas, mas nesse caso ao menos um conceito parece claro: ter coragem é agir mesmo quando se percebe uma situação de perigo. Ao contrário da bravata, a coragem é considerada uma qualidade positiva e, nesse sentido, o filhote sem dúvida se comportou muito bem.

Outra espécie corajosa é o tordo, que faz ninhos nos velhos pinheiros perto da nossa cabana florestal. Quando surge uma gralha-preta, seu arqui-inimigo, os tordos não ficam parados observando seus filhotes serem devorados. Assim que o inimigo começa a avançar na direção da colônia, os tordos armam um ataque aéreo: eles se unem, voam ao redor do intruso (muito maior que eles) e começam a atacá-lo sem parar. Em tese a gralha-preta não teria dificuldade para desbaratar o bando ou até ferir alguns de seus membros com gravidade, mas o ataque preventivo dos tordos é executado com determinação e, muitas vezes, em grupos grandes, o que obriga a gralha-preta a se esquivar e, sem mais nem menos, se afastar do ninho (que é o plano dos tordos). E os ataques parecem ser bem irritantes, porque depois de alguns minutos em geral a gralha bate em retirada.

Afinal, os tordos são corajosos ou estão apenas executando uma programação genética ativada pela presença do inimigo? É a soma dos dois fatores, e assim será em qualquer situação semelhante, o que deve acontecer até com o ser humano. Nem todos os tordos reagem de maneira tão destemida e, acima de tudo, obstinada. Cada indivíduo ataca a gralha-preta a partir de uma distância e com uma intensidade específica; enquanto os medrosos fazem ataques titubeantes, os mais bravos e corajosos afastam a gralha por centenas de metros.

Então será que os menos corajosos estão necessariamente em desvantagem? Niels Dingemanse e sua equipe do Instituto Max Planck de Ornitologia acreditam que não. O grupo investigou esse traço de caráter entre os chapins e descobriu que os indivíduos medrosos se dão melhor com os outros de sua espécie. Eles evitam disputas e bandos muito grandes e preferem viver em pequenos grupos de indivíduos com características semelhantes. Os medrosos são mais lentos e calmos e demoram mais para agir, mas com isso descobrem coisas que seus colegas agitados e audaciosos muitas vezes não percebem, como as sementes que sobraram do verão anterior.[27] Há vantagens e desvantagens tanto em ser corajoso quanto em ser medroso, por isso ambos os traços de caráter sobrevivem até hoje.

10. Oito ou oitenta

Muitas pessoas se interessam pelos sentimentos dos animais, mas em geral esse interesse não abrange todas as espécies, sobretudo as que consideramos perigosas ou repugnantes. Muitos me perguntam: "Afinal, pra que serve o carrapato?" Até hoje essa pergunta me espanta, pois acredito que todos os animais têm tarefas igualmente importantes no ecossistema; todas as criaturas merecem respeito.

Mas vamos por partes. Primeiro, vejamos outros exemplos de insetos, como as vespas. No fim do verão do hemisfério Norte, elas são inoportunas, e quando eu era novo tive uma experiência ruim com elas. Certo dia, estava andando de bicicleta quando uma vespa pousou na minha boca. Consegui fechá-la antes de ela entrar, mas ela acabou me ferroando várias vezes. O lábio inferior ficou tão inchado que parecia prestes a explodir. Para piorar, nessa idade as crianças morrem de vergonha dessas feridas. Desde então não gosto muito de vespas, e muitos outros pensam como eu, portanto não é estranho que haja tantos repelentes no mercado. Não somos muito fãs de insetos que picam ou dão ferroadas, por isso não sentimos o menor remorso ao matá-los.

Agora veja o caso de uma amiga. Ela plantava repolho numa horta em seu quintal. Certo dia, viu que as folhas estavam cobertas por lagartas *Pieris brassicae*, que se transformam na borboleta-branca-da-couve. Elas também são consideradas uma praga, pois destroem as folhas do repolho, perfurando toda a superfície. Aconselhamos nossa amiga a comprar óleo de neem, um spray repelente ecologicamente correto que começamos a usar na floresta e é permitido na agricultura orgânica. Com ele, conseguimos que nossos repolhos durassem intactos até a colheita. O problema é que não estamos mais usando o óleo, e é aí que as vespas entram em ação. Elas atacam as lagartas, estraçalham o inseto e transportam a presa até o ninho para alimentar seus filhotes. Como num passe de mágica, as lagartas desaparecem. Ou seja: no verão, a praga das vespas evita que nossos canteiros sejam atacados pelas lagartas. Isso significa que as vespas são benéficas?

Rotulamos a maioria dos animais que vivem nos nossos jardins. Chapins: úteis (comem lagartas); porcos-espinhos: úteis (comem lesmas); lesmas: pestes (comem plantas); pulgões: pestes (sugam os nutrientes das plantas). É ótimo saber que cada praga é controlada por um animal útil; o problema é que, ao classificar os animais dessa maneira, estamos pressupondo duas coisas: primeiro, que um ser superior projetou e implementou um sistema justo e equilibrado. Segundo, que esse ser projetou o mundo única e exclusivamente de acordo com as necessidades humanas. Com base nessa visão, faz sentido perguntar para que serve um carrapato. Não pretendo fazer críticas a esse ponto de vista, afinal ele é difundido até por algumas associações de conservação da natureza que inclusive constroem ninhos artificiais para proteger as criaturas consideradas úteis. Mas será que podemos categorizar a natureza dessa forma? Caso sim, onde nos encaixamos?

Acredito que as vidas incrivelmente intensas de milhões de espécies se adaptaram umas às outras só porque espécies muito egoístas exploram todos os recursos de forma predatória, desestabilizando o ecossistema e alterando de forma definitiva tanto o próprio ecossistema quanto seus habitantes. Um desses eventos ocorreu há cerca de 2,5 bilhões de anos. Na época, havia muitos seres anaeróbicos – isto é, que não precisam de oxigênio para sobreviver. Na verdade, para os seres vivos da época o oxigênio era um veneno.

Certo dia, porém, as cianobactérias começaram a se reproduzir numa velocidade assustadora, alimentando-se através da fotossíntese e, ao fazer isso, liberando um resíduo no ar: o oxigênio. De início, o gás foi absorvido por rochas, e as que continham ferro oxidavam. Esse processo continuou até que, em determinado momento, havia tanto oxigênio na atmosfera que um limite fatal foi ultrapassado. Muitas espécies morreram, e as que sobreviveram aprenderam a conviver com esse gás. Em última análise, somos descendentes dos seres que se adaptaram.

Basicamente, essas pequenas adaptações ocorrem todos os dias. O que entendemos como um equilíbrio entre as presas e os predadores é, na verdade, uma batalha árdua em que há muitos perdedores. Quando um lince vaga por seu gigantesco território, é porque quer comer um cervo. Mas, como o felino não é bom velocista, precisa apostar no efeito surpresa para abater herbívoros distraídos e imprudentes que não notaram sua presença. O lince consegue capturar até um cervo por semana, mas só até os outros cervos da região descobrirem sua presença. Quando isso acontece, o simples estalo de um graveto causa pânico na floresta, e até os animais domésticos ficam em estado de alerta.

Um amigo me contou que seu gato é o primeiro a alertá-lo sobre a presença de um lince nas redondezas. O gato evita passar da porta, mas meu amigo não sabe dizer o que exatamente deixa o animal em estado de atenção. Talvez o comportamento das possíveis presas crie uma atmosfera de desconfiança na floresta. Quando isso acontece, o lince obtém menos alimentos e se vê forçado a deixar a área. Só quando já está a muitos quilômetros de distância, numa nova região com presas desavisadas, é que ele volta a caçar despreocupado.

Quando muitos linces habitam a mesma área, em algum momento não há mais presas desprevenidas na região. E, quando o inverno é muito rigoroso, o corpo do lince passa a consumir mais energia. Muitos morrem de fome, sobretudo os mais jovens e menos experientes. Assim, é possível dizer que a população se autorregula, mas, em última análise, isso significa que os animais morrem de forma bastante cruel.

Portanto, a natureza não é um gaveteiro de espécies boas ou más, como já vimos no caso do esquilo, porém temos muito mais facilidade em lidar ou simpatizar com esquilos do que com carrapatos. E, por incrível que pareça, essas criaturinhas repulsivas também têm sensações. O simples fato de o carrapato ter fome é prova empírica disso, pois ele só se alimenta de sangue de mamífero quando o estômago ronca. Disso se conclui que a sensação de estômago vazio deve ser desagradável até para o carrapato, sobretudo quando ele fica sem comer por quase um ano, tempo máximo que aguenta sem se alimentar.

Quando um animal de grande porte se aproxima, o carrapato sente a reverberação no solo, o cheiro do suor e outros odores. Então, logo estica as patas dianteiras e, com um pouco de sorte, se agarra nas pernas, nas patas ou no corpo do ser que está passando por perto. Em seguida, encontra um ponto confortável e morno onde a pele do animal não seja muito grossa e introduz sua tromba para sugar o sangue. Quando se alimenta, o carrapato pode multiplicar em várias vezes seu peso, ficando tão inchado que mais parece uma ervilha. Até alcançar a idade adulta, ele precisa sofrer três mudas, e antes de cada uma precisa se abastecer em uma nova vítima, motivo pelo qual seu ciclo de maturação pode demorar até dois anos.

Quando o macho e a fêmea (que é maior que o macho) se empanturram a ponto de explodir, chega o momento do gran finale. O macho precisa acasalar. Precisa não, ele *quer*. Assim como o ser humano, ele é movido pelo desejo e busca a qualquer custo uma parceira para consumar o ato. Depois disso, felizmente não há mais paralelo com o ser humano, pois eles morrem. A fêmea vive tempo suficiente para pôr 2 mil ovos. Então, também morre.

Para o carrapato, a felicidade suprema – ou, como ainda não podemos provar a felicidade, o apogeu da vida – consiste em gerar uma prole de milhares de filhotes e depois morrer exaustíssimo. Se fosse um mamífero diríamos que é um ser abnegado, mas, como se trata de um carrapato, infelizmente sentimos apenas nojo.

11. Abelhas quentes, cervos frios

Nas aulas de biologia do ensino médio, aprendemos que o mundo animal está dividido entre os seres de sangue quente (homeotérmicos) e os de sangue frio (heterotérmicos). Novamente nos deparamos com categorizações, mas você verá que nesse caso há animais que não se encaixam bem em nenhuma das alternativas.

Antes de tudo, porém, vamos analisar as categorias científicas. Os animais homeotérmicos regulam a própria temperatura e a mantêm constante. O ser humano é um bom exemplo de animal homeotérmico. Quando sentimos frio, trememos para produzir o calor de que o corpo necessita; quando fica muito quente, suamos e dissipamos o calor conforme ele evapora. Já os animais heterotérmicos dependem da temperatura externa. Quando esfria demais, eles evitam fazer qualquer esforço físico. É por isso que, todo inverno, quando mexo na lenha da lareira encontro moscas que estão sem energia para sequer voar. Quando a temperatura cai abaixo de zero, elas só conseguem rastejar em câmera lenta para o meio da madeira. Indefesas, só lhes resta torcer para não serem encontradas por nenhum pássaro. É assim para todos os insetos, menos as abelhas.

Antigamente eu não gostava de abelhas. É difícil estabelecer uma boa relação com insetos; quando eles picam ou ferroam, a antipatia é quase automática. Além disso, quase nunca consumo mel. Essas características não são nada promissoras para um apicultor, mas foi isso que acabei me tornando. Passei a criar abelhas por causa das nossas maçãs. Na primavera, quase não apareciam abelhas em nosso pomar. Para mudar isso, adquiri duas colmeias em 2011. Desde então, a polinização deixou de ser um problema e temos bastante mel. No entanto, acima de tudo aprendi que as abelhas têm algumas características diferentes dos outros insetos. Por exemplo, em alguns aspectos elas são semelhantes aos animais homeotérmicos, e essa é a principal razão pela qual se empenham tanto em coletar o néctar das plantas.

O néctar processado pela abelha, transformado em mel e armazenado em favos, funciona como combustível para o inverno. As abelhas gostam de um calor aconchegante. Para elas, a temperatura ideal fica entre 33 °C e 36 °C, somente um pouco abaixo da temperatura corporal dos mamíferos.

No verão, alcançar essa temperatura não é um problema. Pelo contrário: o trabalho incessante de até 50 mil abelhas gera bastante calor, que inclusive precisa ser dissipado para evitar um superaquecimento na colmeia. E essa é uma tarefa complicada. As operárias transportam água da fonte mais próxima e a deixam evaporar no interior da colmeia. A circulação do ar é realizada por milhares de batidas de asas, por isso sempre há uma corrente de ar refrescante entre os favos. O esforço colaborativo só não funciona quando há uma grande perturbação na colmeia. Por exemplo, se ela sofre um ataque externo ou é manuseada de forma inadequada ao ser transportada, as abelhas se agitam e superaquecem a ponto de derreterem os favos e morrerem de calor.

Em geral, a termorregulação funciona perfeitamente. Pelo menos no caso das minhas colmeias, durante a maior parte do ano faz frio, e a produção de calor é uma tarefa que está sempre em primeiro plano. A vibração dos músculos da abelha provoca a queima de calorias, e o inseto ingere a energia necessária na forma de mel, que, em última análise, nada mais é do que uma solução de açúcar altamente concentrada e espessa, misturada com vitaminas e enzimas. Todo mês, sobretudo no inverno, minhas colmeias consomem em média cerca de três quilos de mel cada uma. O mel tem a mesma função da camada de gordura que o urso acumula para hibernar no inverno, e, assim como o urso acorda da hibernação muito mais magro do que quando tinha ido dormir no outono, a colmeia sofre um encolhimento drástico. Quando esfria demais, os insetos se amontoam, formando uma esfera. No centro é mais quente e, portanto, mais seguro – e, claro, é aí que a rainha se instala. Mas e quanto às abelhas que formam a superfície da esfera? Se a temperatura cai abaixo dos 10 °C, elas congelam em questão de horas. Para evitar isso, de tempos em tempos são substituídas por abelhas que estavam no centro para enfim poderem se aquecer na parte interna da aglomeração.

Assim, as abelhas provam que nem todos os insetos são heterotérmicos. E, como você já deve imaginar, nem todos os mamíferos são homeotérmicos. Em geral as pessoas pensam que a capacidade de manter a temperatura corporal constante é uma prerrogativa dos mamíferos (e pássaros), mas o pequeno porco-espinho mostra que não existe regra sem exceção. Embora tenham tamanhos parecidos, no inverno, enquanto o esquilo pode saltar de galho em galho e até ter contato com a neve, o porco-espinho hiberna. Seus espinhos não são isolantes térmicos tão eficazes quanto a pelagem espessa do esquilo, por isso o porco-espinho consome muita energia quando a temperatura cai. Além disso, seus alimentos favoritos, os besouros e as lesmas, já se recolheram para sobreviver ao inverno e não se encontram mais no solo.

Numa situação como essa, o que poderia ser mais natural do que fazer uma pausa também? Assim, o porco-espinho se encolhe confortavelmente num ninho fofo e aconchegante, em geral debaixo de uma pilha de folhas ou gravetos, e cai num sono profundo que dura meses. Ao contrário de muitos outros mamíferos, ele não mantém a temperatura corporal de 35 °C; apenas interrompe o consumo de energia. Com isso, a temperatura corporal cai até se igualar à temperatura ambiente, que às vezes chega a 5 °C. A frequência cardíaca diminui de até 200 para apenas 9 batidas por minuto, e sua frequência respiratória cai de 50 para 4 vezes por minuto. Como resultado, o porco-espinho praticamente deixa de consumir energia e chega à primavera seguinte usando apenas suas reservas corporais.

O frio em si não incomoda o porco-espinho, muito pelo contrário. Sua estratégia funciona muito bem quando o tempo está congelante. O problema é quando a temperatura passa dos 6 °C no inverno. Nesse caso, o porco-espinho começa a acordar lentamente, e o sono profundo se transforma num estado semiletárgico, no qual o animal consome muito mais energia, porém ainda não está acordado o bastante para se mexer. Se a temperatura continua assim por mais tempo, inúmeros porcos-espinhos acabam morrendo de fome. Só quando a temperatura alcança pelo menos 12 °C é que o animalzinho consegue se movimentar e comer algo, e isso caso encontre alimento, pois suas presas ainda estão escondidas para sobreviver ao inverno. Alguns dos porcos-espinhos que acordam antes do tempo têm sorte: são encontrados e alimentados em centros de resgate e tratamento específicos para esses animais.

E o que sonha um porco-espinho quando hiberna? Na fase de sono profundo, as taxas de metabolismo são extremamente baixas, e ele quase não tem sonhos. Isso porque, ao sonhar, o cérebro fica bastante ativo e consome muita energia. Portanto, na hibernação o baixo metabolismo impede que ele sonhe. Mas o que acontece quando a temperatura ultrapassa os 6 °C? Caso o porco-espinho consiga sonhar (afinal, há um aumento no consumo de energia), talvez tenha pesadelos dos quais não consiga acordar. Seja lá o que esteja se passando em sua cabeça, porém, esse estado de semirrepouso representa perigo de vida, e talvez o animal, ainda letárgico, perceba isso enquanto luta em vão para acordar de vez. Infelizmente, as mudanças climáticas globais aumentarão a chance de haver períodos de calor durante o inverno.

A situação do esquilo é um pouco melhor, pelo menos com relação aos sonhos. Ele não hiberna, apenas dorme direto por dois ou três dias de cada vez, então acorda com fome. Embora os batimentos cardíacos diminuam durante essas pausas, reduzindo o consumo de calorias, sua temperatura permanece alta. Isso significa que ele precisa consumir com regularidade alimentos ricos em energia, como os frutos do carvalho e das faias. Caso não os encontre, morre de fome.

Já a estratégia do veado-vermelho é muito mais parecida com a do porco-espinho. Ele, por incrível que pareça, também consegue baixar a temperatura corporal das partes periféricas do corpo. Faz isso várias vezes ao longo do dia, de modo que sua hibernação no inverno dura apenas algumas horas. Seja como for, mesmo com tão pouco tempo de descanso ele é capaz de reduzir o consumo de sua valiosa gordura corporal. Sob baixas temperaturas externas, o metabolismo do veado-vermelho fica até 60% mais lento do que no verão.[28]

E é então que surge outro problema: para digerir alimentos o veado-vermelho precisa estar com o metabolismo em pleno funcionamento, e para ele não existe a opção de passar o inverno sem comer. Quando come no inverno, muitas vezes extrai do alimento menos energia do que é usada para fazer a digestão. Dessa forma, surge um paradoxo: quando os caçadores alimentam os veados-vermelhos, podem estar provocando a morte em massa da espécie. Foi o que aconteceu na minha cidade natal, Ahrweiler. Em 2013 houve um protesto de caçadores indignados porque queriam continuar alimentando os veados-vermelhos da região mesmo com a proibição oficial. Quase 100 animais morreram de fome, e é provável que muitos tivessem sobrevivido se não houvessem feito um grande esforço físico para ingerir o feno e as beterrabas que recebiam. É por isso, portanto, que no inverno o veado-vermelho sobrevive em grande parte por causa da gordura corporal que acumulou no outono anterior.

Em certo momento me questionei se o veado-vermelho passa fome o inverno inteiro, e essa ideia me deixou incomodado. Ficar na neve com o estômago roncando e as extremidades do corpo quase congeladas é muito desconfortável, pelo menos para humanos. Atualmente, porém, está comprovado que os animais conseguem simplesmente "desligar" a sensação de fome – afinal, a fome é um sinal do subconsciente para indicar que é hora de comer, e essa sensação só deveria ser acionada quando o ato de comer fosse benéfico. Veja o exemplo do porco-espinho: mesmo com fome, ele rejeita alimentos fedorentos ou podres. Seu subconsciente desliga a fome por um tempo e a substitui por uma repulsa incondicional ao alimento estragado. Não sabemos, por exemplo, se eles não comem brotos e gramíneas secas por repulsa ou por já estarem saciados. Seja como for, fato é que os animais não sentem fome no inverno, mesmo em jejum, porque, no fim das contas, ao deixarem de se alimentar, o organismo demanda menos das reservas de energia.

O mecanismo de diminuir o metabolismo e baixar a temperatura corporal não funciona igualmente bem para todos os veados-vermelhos. A maior parte do sucesso dessa estratégia depende do comportamento do animal e, acima de tudo, de sua posição na manada. O inverno é bastante perigoso para os veados-vermelhos de personalidade forte. Como lideram a manada, precisam estar sempre em alerta, por isso mantêm a frequência cardíaca e o consumo de energia altos. Embora tenham preferência na hora da alimentação, não é suficiente. Com a escassez de grama seca e cascas de árvores, o líder não consome calorias suficientes, de modo que precisa utilizar muito mais de suas reservas de gordura que os animais em posição inferior na manada, que passam as noites frias cochilando tranquilos. Embora comam menos que o líder, consomem bem menos energia e chegam ao fim do inverno com mais reservas. Segundo silvicultores de Viena que observaram veados-vermelhos em reservas naturais cercadas, o líder da manada tem menos chances de sobrevivência, mesmo sendo sempre o primeiro a se servir. Para os cientistas, no futuro será mais importante levar em conta a história de vida e a personalidade de cada exemplar de uma espécie do que as médias da espécie como um todo. Afinal, a evolução funciona a partir dos desvios de norma.[29]

Homeotérmicos e heterotérmicos são, portanto, categorias fluidas que têm pontos de interseção. E o que acontece quando você tem a sensação de que está prestes a congelar? O frio sinaliza ao corpo que a temperatura está criticamente baixa e que é preciso tomar medidas para evitar isso. Nos seres humanos, se a temperatura corporal cai abaixo de 34 °C a situação fica muito perigosa. Antes disso, começamos a tremer e procuramos lugares aquecidos. É o mesmo que acontece com os cavalos: nos dias frios e de vento do inverno, nossa velha égua, Zipy, começa a tremer e vai buscar proteção no abrigo da pastagem. Como tem menos gordura e massa muscular que a companheira dela, seu corpo tem menos isolamento térmico, apesar da pelagem de inverno, que às vezes não é suficiente. Quando o frio fica muito intenso, nós a cobrimos com um cobertor quente até ela parar de tremer e se sentir melhor. Fica claro que o frio é tão desagradável para Zipy quanto o é para nós.

No caso dos insetos, a temperatura corporal oscila junto com a temperatura ambiente, e eles não têm um mecanismo para manter a temperatura. No outono, para não congelarem, escondem-se debaixo do solo ou sob cascas de árvore e em caules. As células armazenam substâncias como a glicerina, que impede a formação de cristais de gelo grandes e pontiagudos, para evitar que o gelo que se forma dentro delas as faça estourar. Como será essa sensação? Essas espécies não sentem frio algum? Quando vejo rãs e sapos entrando em lagoas geladas no fim do outono para cair num sono profundo, só consigo imaginar que não sintam. O único motivo pelo qual o ser humano tem tanta dificuldade para entrar em água fria é porque ela dissipa o calor do corpo muito melhor do que o ar. Mas se a temperatura do corpo fosse igual à da lagoa, mergulhar nela não seria tão ruim. Portanto, é bem provável que sapos e rãs não sintam frio algum dentro d'água.

Mas se insetos, lagartos e cobras não sabem como é sentir um frio incômodo, isso significa que também não sabem como é sentir um calor agradável? Não acredito nessa hipótese, afinal na primavera essas criaturas vão atrás de sol. Quanto mais seus pequenos corpos se aquecerem, mais rápido conseguirão se mover. Portanto, elas enxergam o calor como algo positivo, o que pode custar caro para algumas espécies, como por exemplo a cobra--de-vidro (uma espécie de lagarto sem pernas). Isso porque o sol aquece as estradas de forma bem rápida. O asfalto armazena o calor e o irradia à noite, portanto esse é um bom local para os animais se abastecerem de calor – a menos que sejam atropelados por um carro, o que infelizmente acontece com frequência. Deixando os dramas de lado, fica claro que até os animais heterotérmicos devem sentir oscilações de temperatura, embora provavelmente com uma resistência diferente da nossa.

12. Inteligência coletiva

Insetos que vivem em sociedade acreditam na divisão do trabalho. Logo no início das pesquisas, os cientistas cunharam o termo "superorganismo" para descrever um coletivo em que cada indivíduo é parte de um todo. Na floresta onde moro, um bom exemplo desse tipo de animal é a *Formica rufa*, que constrói formigueiros gigantescos – o maior que já encontrei tinha 5 metros de diâmetro. No interior, geralmente há várias rainhas pondo ovos e, assim, garantindo a sobrevivência da colônia. Elas são auxiliadas por até um milhão de operárias, todas fêmeas. A casta social mais baixa é a dos machos alados, que voam para copular com as rainhas e depois morrem. As operárias vivem um tempo excepcionalmente longo para insetos, até seis anos, mas as rainhas ofuscam esse feito impressionante, pois vivem até 25 anos. O formigueiro precisa de sol para poder funcionar, e por isso estão localizados nas partes iluminadas e bem ventiladas das florestas coníferas.

Graças à proliferação de abetos e pinheiros na Europa Central, essa espécie de formiga conseguiu se alastrar para muito além de seu habitat natural. Ela é protegida por lei não por risco de extinção, mas por atuar como uma "polícia da floresta". Supostamente, mesmo não sendo proposital, as formigas ajudam os guardas-florestais a se livrar de pragas indesejadas, como os besouros escolitídeos ou as lagartas de borboletas. Acontece, porém, que além das pestes elas devoram espécies de plantas raras e protegidas. A formiga não entende nosso conceito de organismos que são "úteis" ou "pestes", mas isso não torna suas colônias menos fascinantes.

A abelha tem uma vida semelhante à da sua parente formiga e já foi alvo de pesquisas minuciosas. Ela também nasce numa sociedade que conta com uma rigorosa divisão do trabalho. A rainha se desenvolve a partir de uma larva normal fertilizada, mas, enquanto as futuras operárias são alimentadas com uma mistura de néctar e pólen, as larvas que se transformarão em abelha-rainha recebem um elixir especial: a geleia real, produzida nas glândulas hipofaríngeas das operárias. Enquanto as larvas normais se transformam em abelhas-operárias em 21 dias, a dieta acelerada de geleia real produz uma abelha-rainha em apenas 16 dias. A rainha voa apenas uma vez na vida; é o voo nupcial, em que ela acasala com os zangões. Ao voltar para a colmeia, ela põe até 2 mil ovos por dia, pelo resto de sua vida (que dura de quatro a cinco anos), fazendo apenas pausas curtas no inverno.

As operárias, por sua vez, passam todos os momentos de sua curta vida trabalhando duro. Nos primeiros dias após saírem do casulo, recebem a tarefa de cuidar da alimentação das larvas. Após 10 dias, também passam a cuidar do armazenamento do néctar e da conversão dele em mel. Somente após quase três semanas é que elas têm autorização para voar pelos campos para coletar mel, por um período de outras três semanas. Ao fim desse tempo, estão exauridas e morrem. Somente as abelhas de inverno vivem um pouco mais, pois se aglomeram em volta da rainha para protegê-la das baixas temperaturas até a primavera seguinte. Os zangões, por sua vez, têm uma única tarefa: fertilizar a rainha. Como isso só acontece uma vez e poucos têm de fato essa chance, a maior parte fica à toa, sem fazer nada.

Tudo, portanto, até os menores processos, é pré-programado. Dentro da colmeia, as abelhas dançam para transmitir informações sobre as fontes de néctar. Elas processam o néctar e o transformam em mel adicionando secreções das próprias glândulas e secando a mistura em suas línguas minúsculas. Elas secretam a cera e a utilizam para construir favos de maneira engenhosa. Os cientistas reconhecem as proezas das abelhas, mas acreditam que o cérebro de pequenos insetos é incapaz de raciocinar. Por isso, consideram que as abelhas são componentes de um superorganismo e que sua capacidade cognitiva deve ser entendida como parte de uma inteligência coletiva. Nesse organismo, todos os animais são como células que trabalham juntas em um corpo muito maior. Embora o animal seja individualmente considerado estúpido, a capacidade de interação dos vários processos e de reação aos estímulos ambientais é considerada uma forma de inteligência. Essa abordagem enxerga cada abelha não como um indivíduo, mas como um bloco de construção, uma peça de um quebra-cabeça maior.

À parte essas pesquisas, desde que comecei a criar abelhas descobri que dentro de suas cabecinhas acontece muito mais do que imaginamos. Por exemplo, as abelhas são capazes de se lembrar perfeitamente de pessoas: elas atacam quem as incomodou no passado e permitem a aproximação de quem nunca tentou prejudicá-las. O professor Randolf Menzel, da Universidade Livre de Berlim, fez outras descobertas incríveis: as abelhas que deixam a colmeia pela primeira vez usam o sol como uma espécie de bússola. Com a ajuda dele, desenvolvem um mapa mental da paisagem ao redor de sua casa e o utilizam para anotar suas rotas de voo. Em outras palavras, têm uma ideia de como é o mundo a seu redor. Nesse sentido, se orientam de forma semelhante ao ser humano, que também possui um mapa interno.[30]

Mas isso não é tudo. Em seu experimento, Randolf Menzel e sua equipe descobriram que a dança das abelhas-operárias sinaliza para as outras a quantidade, a direção e a distância da fonte do néctar. Na pesquisa, após um primeiro grupo de abelhas voltar para a colmeia e fazer a dança, a equipe de cientistas eliminou a fonte de néctar que havia sido localizada. As abelhas que saíram atrás do néctar com base nas informações voltaram frustradas. Em seguida, receberam novas coordenadas de outras abelhas que tinham avistado flores em outro lugar. Os pesquisadores também eliminaram a segunda fonte, o que fez as abelhas voltarem para a colmeia frustradas mais uma vez. Depois disso, Menzel notou algo bastante inesperado: algumas abelhas procuraram néctar no primeiro ponto e, ao chegarem lá e perceberem que ainda não havia nada, voaram direto para o segundo ponto.

Mas como elas conseguiram fazer isso se, durante a dança, só foram informadas sobre a distância e a direção da segunda fonte a partir da colmeia? A única explicação é que os insetos assimilaram a informação sobre o segundo ponto considerando o primeiro como ponto de partida. Pode-se dizer que elas se lembraram da primeira informação, refletiram e traçaram uma nova rota.

Nesse contexto, a inteligência coletiva pouco pôde ajudar as abelhas – provavelmente elas usaram o cérebro para fazer esse cálculo. E tem mais: quando fazem planos para o futuro, pensam em coisas que ainda não viram e refletem sobre o próprio corpo; elas têm autoconsciência. "A abelha sabe quem é", afirma Randolf Menzel. E não precisa de um enxame para isso.[31]

13. Segundas intenções

Se as abelhas sabem quem são e planejam o futuro, o que podemos dizer das aves e dos mamíferos? Sempre que estou observando um animal, me pergunto se ele tem plena consciência do que está fazendo. Para um leigo – e é isso que sou, apesar de todo o meu envolvimento com o tema –, é muito difícil descobrir, mas busco informações não apenas em estudos científicos: também quero vivenciar em primeira mão como pensam os animais. Pode parecer que estou querendo demais, porque é difícil descobrir até o que humanos estão pensando, mas, durante uma conversa à mesa no café da manhã, meus filhos me mostraram que eu já havia, sim, vivenciado essa situação.

Eu estava contando a eles sobre o corvo que nos esperava todas as manhãs no pasto das éguas. Ele estava sempre por perto com alguns outros corvos e seu território devia ser próximo dali. Infelizmente, a caça aos corvos ainda é legalizada onde moro, por isso esses inteligentes animais são bastante esquivos em relação a humanos e costumam manter uma distância segura de nós, de cerca de 100 metros. Com o tempo, porém, os corvos do pasto se acostumaram à nossa presença e passaram a considerar 30 metros o suficiente – exceto um deles, mas que aos poucos também foi se tornando mais dócil. Num dia bom, ele nos permite chegar a 5 metros, e ficamos comovidos com sua confiança em nós. Conversamos com o corvo e sempre deixamos para ele um pouco da ração de cereais na barra de amarrar as rédeas. Arrá, comida! O corvo se aproxima não porque está curioso ou por querer ficar perto da gente. Ele sabe muito bem que, quando aparecemos, a comida aparece junto. Mesmo assim, gostamos de vê-lo em nossas rondas diárias. Não alimentamos grandes expectativas, e isso também é bom.

Foi durante essa rotina que, certa manhã, vi algo que, de cara, achei apenas engraçado. Era dezembro, e o pasto estava encharcado após semanas de chuva. As éguas já esperavam pela sua ração matinal. Para evitar que a mais jovem, Bridgi, comesse a ração da mais velha, Zipy, eu precisava ficar de olho, pronto para intervir. Em geral, minha presença bastava para que a mais jovem se comportasse bem e, durante esses minutos em que as éguas tomam o café da manhã, tive tempo para observar a paisagem. Ou o corvo.

Naquela manhã, ele me viu segurando um balde e levantou voo do galho onde estava. Mas em vez de ir até seu posto de observação rotineiro, uma estaca perto da barra de amarrar as éguas, ele pousou no pasto a apenas 20 metros de distância. Logo percebi que ele estava carregando algo no bico, e não demorei para identificar: era um fruto de carvalho. Ele queria esconder a guloseima, por isso cavou um buraco, empurrou o fruto para dentro dele e, por fim, o tapou com um tufo de grama. Eu estava admirando o perfeito trabalho de camuflagem do corvo quando de repente ele se virou para mim, me encarou por um segundo e decidiu tirar o alimento do esconderijo. A partir daí começou a cavar vários buracos no chão, e em cada um deles fingiu esconder o fruto do carvalho. Quando terminou de cavar o último buraco, o fruto enfim desapareceu, e o pássaro ficou satisfeito, afinal havia se esforçado para me ludibriar e me impedir de comer sua guloseima. Só então levantou voo, pousou na barra de amarrar as éguas e comeu a pequena porção de grãos que eu havia colocado ali.

Quando contei a história em casa, meus filhos me fizeram ver que este era um bom exemplo de planejamento. Foi então que caiu a ficha. O tempo todo eu havia achado divertido ver o corvo esconder a comida de mim, o que por si só é um comportamento que mostra grande inteligência: ele teve que imaginar o que eu poderia ter visto e pensar numa forma de esconder o fruto, evitando que eu encontrasse o alimento dele. Mas a verdade é que o corvo também pensou em outra coisa. Ele sabe que seu estômago tem capacidade limitada, e, ao que tudo indica, um fruto de carvalho saciaria sua fome. Claro que depois de comer o fruto do carvalho ele ainda poderia voar até a barra de amarrar as éguas, porém, de estômago cheio, só lhe restaria esconder os grãos e cereais que eu havia colocado ali. O problema é que esconder os grãos um a um seria trabalhoso demais, então por isso, mesmo com fome, primeiro pôs o fruto em segurança e só em seguida foi comer os grãos, sossegado. Por fim, voltou para os companheiros no pasto ali perto, e tenho certeza de que mais tarde retornou para pegar o fruto.

Assim, pensando no futuro, o corvo executou um plano perfeito para aproveitar a oferta de alimento da melhor maneira possível. A partir de então, durante minhas observações comecei a prestar mais atenção em como os animais lidam com o futuro e, acima de tudo, passei a refletir melhor sobre o que vejo.

14. Tabuada

No meu livro *A vida secreta das árvores*, expliquei que as árvores sabem contar. Na primavera, elas só começam a dar brotos após um certo número de dias com temperatura acima de 20 ºC. Então, se plantas de grande porte são capazes de contar, é natural supor que os animais consigam fazer o mesmo. Não é de hoje que as pessoas desejam que os animais tenham essa capacidade, e existem muitos relatos sobre animais incríveis, como foi o caso de Hans, o Prodigioso. O garanhão era capaz de soletrar, ler e calcular, ou pelo menos isso era o que afirmava seu dono, Wilhelm von Osten, ao transformar seu cavalo em atração pública em Berlim. Uma comissão investigativa do Instituto de Psicologia confirmou as habilidades do equino, mas não conseguiu explicá-las, até que, por fim, a trapaça foi descoberta: o cavalo reagia a expressões faciais quase imperceptíveis do dono. Assim que Von Osten saía do campo de visão do garanhão, as habilidades do animal desapareciam.[32]

No fim do século XX, porém, surgiram dados concretos provando que muitas espécies de animais são capazes de fazer cálculos rudimentares, a maior parte relacionada à capacidade de estimar quantidades maiores ou menores de comida. Não faço a menor questão de saber se os animais sabem reconhecer a diferença entre menos e mais; afinal, escolher muitos alimentos, em vez de poucos, é um mecanismo necessário da evolução. Seria muito mais interessante descobrir se eles são capazes de contar de verdade.

Talvez possamos nos aproximar de uma resposta observando as cabras. Certa vez, meu filho, Tobias, descobriu o que poderia estar se passando na cabeça de Bärli, Flocke e Vito. Durante nossas férias, ele assumiu a responsabilidade de cuidar da nossa pequena arca de Noé. Em geral, ao meio-dia as cabras recebem uma pequena porção de ração. Para elas, esse é o ponto alto do dia; quando surgimos no pasto na hora do almoço, elas correm até nós. De manhã e de noite, porém, quando alimentamos apenas as éguas, que estão no pasto ao lado, as cabras praticamente nos ignoram.

Mas, durante minhas férias, Tobias mudou os horários da comida de acordo com a própria disponibilidade, e cada dia passou a ser diferente. Às vezes, as cabras eram alimentadas apenas no início da noite, e a última refeição das éguas era ainda mais tarde. Quando Tobias ia ao pasto pela segunda vez no dia, no início da noite, as cabras corriam até ele, balindo e pedindo comida, afinal Tobias estava aparecendo ali pela segunda vez no dia, mesmo não sendo no horário em que as cabras estavam acostumadas a comer.

Isso é prova de que as cabras são capazes de contar? Afinal, elas estavam exigindo o alimento em um momento diferente do dia. Será que sabiam que Tobias estava no pasto pela segunda vez no dia, portanto era a vez delas de serem alimentadas? Se esse comportamento fosse apenas resultado da gula, cada vez que vissem alguém da família elas ficariam implorando comida, como fazem muitos animais de estimação. Mas elas fizeram isso em apenas uma das três visitas diárias: a segunda.

Deixando minhas cabras de lado, existem evidências de que outros animais têm esse tipo de inteligência? Não é nenhuma novidade que os corvos são tão inteligentes quanto os primatas, portanto vamos analisar os pombos. Apesar de terem se tornado uma praga nas grandes cidades, essas aves não merecem o apelido de "rato com asas", e é graças a sua inteligência que conseguiram se estabelecer tão vastamente em nossas áreas urbanas. O professor Onur Güntürkün, da Universidade Ruhr-Bochum, tem histórias incríveis para contar. Seus colegas treinaram pombos para reconhecerem cartões com imagens de padrões abstratos, e as aves aprenderam a distinguir o incrível total de 725 imagens. As imagens eram divididas em "boas" e "ruins" e apresentadas aos animais. Ao bater o bico na boa, os pombos recebiam comida, mas se bicavam a ruim não ganhavam nada e ficavam no escuro (pombos detestam escuridão). Para passar no teste, tudo o que eles tinham que fazer era memorizar as imagens boas, mas os cientistas verificaram que os pássaros de fato memorizaram todas as imagens, tanto as boas quanto as ruins.[33]

Maxi, nossa cadela, nos deu um exemplo bem diferente da capacidade de contar – mais especificamente, contar o tempo. Ela costumava dormir bem à noite e só acordar pouco antes das 6h30. Então começava a ganir baixinho, me pedindo para levá-la ao banheiro. Mas por que às 6h30? Esse era o horário em que o alarme tocava e toda a família se levantava para tomar o café da manhã e sair para a escola ou o trabalho. Parece que Maxi contava com um bom relógio interno, que tinha uma particularidade: tocava cinco minutos antes da nossa hora. No fim de semana, porém, a situação era diferente. O despertador era desligado e todos podíamos dormir à vontade. Todos, até Maxi, que não acordava cedo aos sábados e domingos e muitas vezes dormia mais que nós.

Essa é uma boa prova de que os cães são capazes de contar. Alguém pode dizer que ela percebia nosso comportamento e concluiu que, no fim de semana, dormíamos mais. Mas essa hipótese pode ser descartada, pois durante a semana ela sempre nos acordava antes de o alarme tocar. No fim de semana, não fazia isso. Só nunca conseguimos descobrir por que ela ficava em sua cestinha dormindo por mais tempo que nós no fim de semana.

15. Diversão

Os animais são capazes de se divertir, ou seja, se dedicar a atividades cujo único objetivo é sentir alegria e felicidade? Para mim, essa é uma questão importante, porque a resposta nos ajuda a definir se eles só são capazes de ter sensações positivas quando cumprem tarefas que servem à preservação da espécie (como o prazer no sexo, que gera descendentes). Se for esse o caso, alegria e felicidade são apenas subprodutos de uma programação puramente instintiva que busca garantir que certos comportamentos sejam executados e recompensados. O ser humano, por outro lado, só precisa de uma boa lembrança para reviver os sentimentos do passado e desfrutá-los novamente. Nessa categoria se encaixa a diversão no tempo livre. Exemplos: viajar no feriado ou praticar esportes. Será que a capacidade de se divertir é uma prerrogativa apenas humana, que nos distingue dos outros animais?

Quando reflito sobre isso, logo me vem à mente a imagem de corvos que brincam de escorrega. Na internet circula um vídeo que mostra um pássaro dessa espécie deslizando em cima de um telhado. Ele coloca uma tampinha metálica no alto do telhado, pula sobre ela e desliza telhado abaixo. Em seguida, volta e repete.[34] Qual é o objetivo disso? Aparentemente, nenhum. E será que é divertido para o animal? Deve ser igual a quando nos sentamos numa superfície de madeira ou plástico e deslizamos morro abaixo.

Por que o corvo desperdiçaria energia numa atividade sem objetivo? Afinal, a dura competição na evolução exige que nos poupemos de todas as atividades inúteis e elimina qualquer animal que não seja rigoroso nesse aspecto. Mas nós, humanos, deixamos de cumprir essa lei aparentemente inviolável há muito tempo, pois, pelo menos nos países mais ricos, as pessoas têm energia de sobra e podem usá-la para se divertir. Por que seria diferente para um pássaro inteligente que armazenou comida para o inverno e pode gastar parte dessas calorias se divertindo? Ao que tudo indica, os corvos também conseguem transformar reservas excedentes em diversão, evocando uma sensação de felicidade quando querem.

E quanto a cães e gatos? Qualquer um que conviva com esses animais domésticos sabe que eles adoram brincar. Nossa cadela, Maxi, gostava de brincar de pega-pega ao redor da cabana da floresta. Como sabia que corria muito mais rápido que eu, ela costumava me dar uma vantagem para evitar que a brincadeira ficasse chata. Assim, corria à minha volta em grandes círculos e de vez em quando dava um pique até mim. Pouco antes de eu tocá-la, porém, mudava de direção e se afastava, evitando que eu a alcançasse. Era nítido que Maxi gostava dessa brincadeira.

Adoro me lembrar desses momentos, mas prefiro encontrar outros exemplos como prova de que os animais gostam de passar o tempo sem fazer nada de útil. E isso no bom sentido, pois Maxi devia usar essa brincadeira para fortalecer nosso relacionamento. E sabe-se que qualquer atividade lúdica ajuda a estabelecer vínculos, portanto tem finalidade evolutiva. A energia investida na coesão do grupo aumenta a resistência da comunidade a ameaças externas.

Voltando aos corvos, há diversos vídeos dessas aves provocando cães. Elas chegam de fininho por trás e bicam a cauda do cão, que não consegue virar a tempo de abocanhar o corvo. A ave foge, porém logo depois recomeça tudo de novo. Esse não é o tipo de brincadeira que fortalece o relacionamento, e os pássaros não agem assim para aprimorar uma habilidade, afinal, escapar de cães que dão meia-volta com rapidez não faz parte do repertório comportamental necessário ao corvo.

Parece, portanto, que nesse caso há outra coisa em jogo: os corvos são capazes de se colocar no lugar do cão e perceber que ele nunca terá uma reação rápida o bastante, portanto ficará irritado. E é por isso que o corvo acha divertido provocar o cão e escapar antes da reação.

16. Desejo

O sexo não é um processo automático para os animais. Apesar disso, quando lemos ensaios científicos sobre "acasalamento", ficamos com a impressão de que é um ato completamente desprovido de sentimento. O fato é que os hormônios desencadeiam reações instintivas às quais o animal não consegue resistir. Mas com os humanos é diferente? Isso me lembra um casal que encontrei na floresta certa vez. Vi um carro estacionado no meio do mato e quis descobrir quem era o dono, mas quando me aproximei dois rostos corados apareceram de trás do capô. Eu conhecia tanto a mulher quanto o homem; eram de vilarejos vizinhos e estavam casados com outros parceiros (e estão até hoje). Eles se vestiram às pressas, entraram em silêncio no carro e desapareceram. Pelo jeito, não queriam pôr os respectivos casamentos em risco, por isso tinham ido a um lugar que seria isolado. Apesar de correrem grande risco, ambos haviam sucumbido ao desejo. Para mim, esse é um bom exemplo de que nós, humanos, também estamos à mercê dos instintos.

O gatilho que estimula esses comportamentos é um coquetel de hormônios que dá origem a sentimentos de prazer e felicidade. Mas por que ele é necessário? Se em tese os seres vivos devem acasalar, poderiam fazer isso de forma tão involuntária quanto quando respiram, afinal o corpo não precisa liberar uma substância psicoativa para acionar cada respiração. O acasalamento é especial porque, durante a cópula, toda espécie se entrega ao ato. Alguns animais são sadomasoquistas, como a lesma, que estimula o parceiro cravando nele um dardo de calcário. Aves como o pavão e o tetraz macho desfilam com as penas da cauda aberta em leque para atrair as fêmeas. Os insetos montam um nos outros, e os sapos machos se agarram às fêmeas debaixo d'água, em êxtase. Às vezes, vários machos se empilham uns em cima dos outros e demoram tanto a soltar que acabam afogando a fêmea.

As cabras se comportam de forma semelhante aos cervos, e todo ano, no fim do verão, assistimos a um ritual elaborado. Nessa época, nosso bode Vito se transforma num monstro fedorento. Para agradar as fêmeas, ele perfuma o rosto e as pernas dianteiras com uma fragrância especial: a da própria urina. Para isso, borrifa o líquido amarelo não apenas na pele, mas até na boca. Um ato que nos faria vomitar exerce o efeito desejado sobre as cabras: elas esfregam a cabeça no pelo de Vito para absorver o cheiro. Isso estimula a produção hormonal tanto no macho quanto na fêmea, provocando o desejo dos dois. A partir daí, o bode passa a cheirar as cabras para descobrir se elas estão prontas para a penetração. Para isso, ele as conduz pelo campo balindo com a língua pendurada para fora. É uma cena ridícula. Se a fêmea se agacha para uninar, ele enfia o nariz no líquido, funga e ergue o lábio superior para checar se é seu dia de sorte. Por fim, após muitos dias de teste, a cabra enfim concede a Vito alguns segundos de felicidade.

Essa recompensa hormonal que provoca a sensação agradável é necessária por causa do perigo intrínseco ao acasalamento. Mesmo antes do ato em si, ao tentar atrair a fêmea, o macho de muitas espécies acaba atraindo também predadores, que adoram avistar os sinais visuais ou sonoros que a própria refeição lhe dá. E assim o macho de muitas espécies vai parar no estômago de aves ou raposas durante essa época. O acasalamento propriamente dito é ainda mais perigoso: macho e fêmea ficam firmemente pressionados um contra o outro por segundos, às vezes muitos minutos, e nessa situação quase nunca conseguem escapar de um ataque.

Não sabemos se os animais são capazes de ver a conexão entre acasalamento e prole, mas por que outro motivo correriam esse risco, além da forte e viciante sensação do orgasmo que os faz esquecer todas as preocupações e se entregar ao prazer? Não me resta dúvida de que os animais têm sensações intensas durante a relação sexual, e um forte indício corrobora essa hipótese: diversas espécies já foram observadas se masturbando. Corças e cavalos, felinos selvagens e ursos-pardos, todos já foram vistos utilizando a pata ou meios naturais (como troncos de árvores) para se satisfazer. Infelizmente, não há muitos relatos sobre o tema, e pesquisas menos ainda, talvez porque a masturbação seja um tabu para os próprios humanos.

17. Até que a morte os separe

Faz sentido considerar que pares de animais que vivem juntos estão casados? Segundo os dicionários, o casamento é uma forma de convívio entre dois indivíduos legalmente reconhecida. Segundo a Wikipédia, casamento "é um vínculo estabelecido entre duas pessoas, mediante o reconhecimento governamental, cultural, religioso ou social e que pressupõe uma relação interpessoal de intimidade".[35] Não existe reconhecimento legal para a união entre animais, mas com certeza existe uma forma de união estável. Um exemplo é o do corvo, o maior pássaro cantor do planeta, que em meados do século XX estava quase erradicado na Europa Central. Alegava-se que eles estavam matando ruminantes herbívoros do tamanho até de vacas. Hoje se sabe que isso é lenda, pois atestou-se que os corvos são os abutres do norte e procuram carcaças de animais mortos ou, no máximo, moribundos. Durante um tempo, eles foram caçados e mortos por veneno e armas de fogo.

Historicamente, campanhas para erradicar espécies indesejadas tiveram diferentes graus de sucesso. No século XX, por exemplo, as pessoas queriam eliminar a raposa-vermelha porque ela pode transmitir a raiva. Ela era (e ainda é) caçada com armas de fogo onde quer que aparecesse, suas tocas eram escavadas, e os filhotes encontrados mortos. O jeito considerado mais conveniente de matar as raposas era encher sua toca de gases venenosos. Apesar dessas medidas, a raposa sobreviveu, pois tem enorme capacidade de adaptação e se reproduz rápido. E o mais importante: ela varia seus parceiros sexuais.

Os corvos, por outro lado, são fiéis e permanecem com o mesmo parceiro por toda a vida. Nesse caso, faz sentido falar de um verdadeiro casamento animal. Durante a época em que estavam sendo exterminados, a fidelidade do corvo foi sua maior desvantagem. Se um membro do casal fosse baleado ou envenenado, normalmente o outro não procurava um novo parceiro; em vez disso, passava a voar sozinho pelos céus. Com isso, o grande número de solteiros não procriava, contribuindo para acelerar o fim da espécie. Hoje em dia, porém, a espécie se encontra sob proteção rigorosa e voltou a povoar seus antigos habitats.

Até hoje eu me lembro de uma viagem que fiz para a Suécia com minha mulher e nossos filhos. Passeando de canoa por um lago deserto, a todo momento ouvíamos o chamado dos corvos. Aquilo me encantou. Anos depois, ao escutar as aves pela primeira vez na floresta que administro, fiquei empolgado. Desde então vejo o corvo como a prova de que a natureza pode se recuperar dos crimes que cometemos contra ela e de que a destruição do meio ambiente não precisa ser um caminho sem volta.

Não é raro encontrar espécies monogâmicas, sobretudo entre as aves. Embora não sejam tão inflexíveis, várias delas se comportam como o corvo e não trocam de parceiro, ao menos não na época de procriação. Um caso curioso é o da cegonha-branca, que permanece fiel ao seu ninho, e em geral os parceiros só se reúnem na primavera porque ambos voltaram ao local do antigo ninho.

Às vezes, porém, há percalços, como relata uma funcionária do zoológico de Heidelberg. Certa vez, durante a primavera, ela testemunhou o caso de uma cegonha-branca macho que vinha construindo um ninho com uma nova parceira – ao que parece a antiga havia se perdido durante a migração. Porém, fiel ao antigo parceiro, a fêmea atrasada reapareceu, e o macho se viu num dilema. Assim, para ser justo com ambas as fêmeas, construiu um segundo ninho e teve que suar para alimentar ambas as famílias.[36]

Mas por que nem todas as espécies de ave são tão fiéis? E o que de fato significa ser fiel? Só porque os chapins e outras espécies não formam vínculos duradouros não significa que sejam infiéis. O motivo de permanecerem juntos por apenas uma estação tem a ver com a expectativa de vida da espécie. Enquanto o corvo vive mais de 20 anos (mesmo com os perigos da vida selvagem), outras espécies, a maioria aves pequenas, geralmente vivem menos de cinco anos. Se uma espécie resolvesse se tornar monogâmica e a chance de um dos parceiros desaparecer fosse alta, em pouco tempo começaríamos a ver aves viúvas voando sozinhas pelo céu. Como isso é péssimo para a sobrevivência da espécie, a cada primavera elas trocam de parceiro e procuram quem sobreviveu ao inverno e à migração. Chapins e pintarroxos não perdem tempo ficando de luto pelo parceiro do ano anterior.

Quanto aos mamíferos, poucas espécies estabelecem um vínculo duradouro como o dos corvos. Uma delas é o castor, que procura um parceiro para toda a vida e permanece com ele por até 20 anos. Seus filhos não saem de casa assim que podem; em vez disso, vivem com os pais em tocas confortáveis perto da água até completarem 2 anos. A maioria das outras espécies é, por assim dizer, incapaz de ter um parceiro fixo. No caso dos veados-vermelhos, o que vale é a lei do mais forte. Se um exemplar forte expulsa seus adversários do território, pode desfrutar do harém de fêmeas até que ele próprio seja afugentado por um exemplar ainda mais forte. Para as fêmeas, vale a mesma lógica. Elas também se deixam cobrir por um cervo jovem que aproveita a chance quando o macho alfa não está prestando atenção. Seja como for, o trabalho de cuidar da cria cabe apenas à fêmea, porque, quando os filhotes nascem, os machos já estão de novo perambulando em grupos pela floresta.

18. Nomes

Em sociedade, quando queremos falar com outra pessoa, nós a chamamos pelo nome. Seja por e-mail, aplicativos de mensagens instantâneas, telefone ou conversando ao vivo, ficaríamos perdidos sem essa forma de abordagem direta. A importância desse modus operandi sempre fica clara quando esquecemos o nome de alguém a quem já fomos apresentados e estamos reencontrando. Será que o ato de atribuir nomes é apenas humano ou existe algo semelhante no reino animal? Afinal, todas as espécies que vivem em sociedade enfrentam o mesmo problema.

Mães e filhotes de mamíferos têm um jeito simples de chamarem um ao outro. A mãe emite um som com sua voz normal. O filhote reconhece o chamado e responde com um som claro e nítido. Mas esses sons são nomes mesmo, ou será que eles estão apenas reconhecendo a voz um do outro? O argumento a favor da segunda hipótese é o fato de que esses "nomes" específicos do relacionamento entre mãe e filho parecem sumir com o passar do tempo. Quando o filhote chega à idade adulta e desmama, a mãe não reage mais ao seu chamado. Para que serve um nome que você atribui a si mesmo se ninguém reage a ele? Por mais que tenha sua importância, esse chamado temporário pode mesmo ser considerado um nome?

Ainda que esses chamados não sejam considerados nomes de fato, a ciência descobriu alguns casos inequívocos de atribuição de nomes no reino animal. E não por acaso o corvo é novamente o exemplo. Seus laços de relacionamento nos fornecem o contexto ideal para responder a essas questões, pois a ave cultiva relacionamentos íntimos e duradouros, e não só entre pais e filhos, mas também entre amigos.

Quando queremos nos comunicar com outro indivíduo ou, acima de tudo, identificar outro membro da comunidade que esteja distante, o ideal é chamá-lo pelo nome. E o corvo é capaz de dominar mais de 80 chamados diferentes – um vocabulário corvídeo, digamos assim. Uma das "palavras" é um chamado de identificação pessoal que ele usa para anunciar a própria presença. Mas será que isso é um nome de verdade? É, sim, caso os corvos façam como os seres humanos e passem a chamar o outro da mesma forma como este se anuncia. E é exatamente isso que os corvos fazem.[37]

Eles se lembram dos nomes dos outros corvos por anos, mesmo que não tenham contato há algum tempo. Se um conhecido aparece no céu e pronuncia seu nome, há duas respostas possíveis: se ele é um velho amigo, os outros corvos respondem em tom alto e amigável. Mas, se o corvo não é muito popular, a saudação dos outros membros é áspera e em tom grave. Aliás, o ser humano age de forma semelhante.[38]

A tarefa de descobrir os nomes que os animais dão uns aos outros é bem difícil. É muito mais fácil quando os chamamos por um nome que nós mesmos escolhemos para ver se eles atendem. E é aí que está o próximo obstáculo dos donos de animais de estimação: como podemos saber se, por exemplo, minha cadela Maxi ouve o próprio nome e entende como "Oi" ou "Venha aqui"? Talvez seja mais fácil entender se você tem vários animais e chama apenas um deles, mas nesse momento quero voltar aos inteligentes porcos. Pesquisadores estudaram essa característica nos suínos. A pesquisa foi motivada pelo pouco espaço que os animais têm hoje em dia nos cercados. Há muito tempo atrás, o alimento era despejado num comedouro longo, para que todos os animais pudessem comer ao mesmo tempo. Atualmente, porém, a comida é distribuída de forma automática e com o auxílio do computador, que calcula a quantidade de ração de cada porco. Como essas instalações são muito caras, não dá para ter muitas máquinas, portanto nem todos os porcos de um chiqueiro comem ao mesmo tempo. Eles precisam fazer uma fila e, com o estômago roncando, ficam impacientes, assim como os humanos. Eles se empurram na fila, e às vezes até se machucam.

Para que tudo possa ocorrer de forma mais organizada e civilizada, pesquisadores do Instituto Friedrich-Loeffler – o instituto nacional alemão de pesquisas sobre a saúde dos animais –, mais precisamente os do grupo que trabalha com suínos, tentaram ensinar boas maneiras aos animais numa fazenda de testes em Mecklenhorst, na Baixa Saxônia. Em pequenas "turmas" de oito a dez animais de 1 ano de idade, cada jovem suíno recebeu um nome. E eles conseguiram memorizar particularmente bem os nomes femininos de três sílabas.

Após uma semana de treinamento, os animais voltaram para um grupo maior no chiqueiro. E a partir de então a hora da comida ficou bem interessante. Cada porco foi chamado pelo próprio nome quando era sua vez de comer. E funcionou. Assim que o nome "Brunhilde" ressoou pelo alto-falante, apenas o animal chamado saltou e correu para o comedouro, enquanto todos os outros continuaram fazendo suas coisas – na maior parte dos casos, tirando um cochilo. O único animal que apresentava aumento na frequência cardíaca era o que tinha o nome chamado. Esse novo sistema teve um índice de sucesso de mais de 90% e é uma forma de levar a ordem e a calma aos chiqueiros.[39]

Mas será que essa incrível descoberta tem um significado mais abrangente? A capacidade de associar um nome a um indivíduo pressupõe uma autoconsciência. Esse estágio é um degrau acima da consciência, pois, enquanto a consciência sugere a existência apenas de processos de pensamento, a autoconsciência indica que o indivíduo reconhece a própria personalidade, tem um senso de si mesmo.

Para testar se os animais são mesmo autoconscientes, a ciência elaborou o teste do espelho. Os animais capazes de perceber que a imagem no espelho não é um outro indivíduo de sua espécie, mas, sim, a própria figura, supostamente têm autoconsciência. O criador desse teste foi o psicólogo Gordon Gallup, que pintou uma mancha colorida na testa de chimpanzés adormecidos. Então, pôs um espelho na frente dos animais e esperou para ver o que aconteceria quando acordassem. Mal viram a própria imagem, ainda sonolentos, os macacos começaram a esfregar a tinta na testa. Ficou claro que eles compreenderam de imediato que estavam olhando para si mesmos no espelho. Desde então, esse teste tem sido considerado uma prova de autoconsciência para os animais.

(Aliás, os bebês humanos só passam nesse teste a partir de mais ou menos um ano e meio de idade.) Primatas, golfinhos e elefantes passaram no teste e, com isso, subiram de posto aos olhos dos pesquisadores.

A surpresa foi geral quando os corvídeos, como as pegas e os corvos comuns, também reconheceram a própria imagem no espelho. Graças a sua inteligência, esses animais costumam ser chamados de "primatas do ar".[40] Durante muito tempo, pouco se falou sobre o tema dessa pesquisa, até que de repente os porcos começaram a aparecer nos estudos científicos. Os suínos passaram no teste, mas infelizmente não ganharam nenhum apelido como o dos corvos (cheguei a pensar em "primatas da fazenda de criação em confinamento"), porque, do contrário, de que modo as pessoas conseguiriam continuar tratando os porcos de forma tão desumana como acontece hoje? A verdade é que as pessoas acham que esses animais inteligentes não sentem nem dor, como prova o fato de que, na Alemanha, até hoje é permitido que leitões de poucos dias sejam castrados sem anestesia só porque o método é mais rápido e mais barato.

Mas, voltando ao espelho, os porcos sabem usá-lo não só para observar o próprio corpo. Donald M. Broom e sua equipe da Universidade de Cambridge fizeram um experimento em que escondiam a comida atrás de uma barreira. Em seguida, os porcos eram posicionados de modo que só pudessem ver a comida num espelho à sua frente. Em questão de segundos, de um total de oito porcos, sete entenderam que precisavam pular a barreira para alcançar o alimento. Para realizar esse feito, eles não só tinham que se reconhecer no espelho como também pensar sobre as relações espaciais de seu ambiente e sobre seu lugar nele.[41]

No entanto, apesar desses resultados, não devemos superestimar o teste do espelho, em especial quanto aos animais que não passam nele. Quando fazemos uma pequena pintura no focinho do cão, colocamos o animal de frente para o espelho e ele não se reconhece, em princípio isso não significa nada. Como vamos saber se a pintura o incomoda? E, mesmo que incomode, talvez ele não saiba o que fazer com o espelho e veja nele apenas uma imagem colorida ou, na melhor das hipóteses, um filme como os que assistimos na TV.

Durante a já mencionada pesquisa sobre os casos de adoção entre esquilos, verificou-se que o roedor aceita apenas filhotes que sejam parentes. Mas como eles sabem quem são seus sobrinhos ou netos? Pesquisadores da Universidade McGill suspeitam que o som dos animais adultos tenha um papel importante nesse sentido. Cada esquilo tem um chamado característico, utilizado por essas criaturas solitárias para se reconhecerem. Eles raramente veem uns aos outros, já que seus territórios quase nunca se sobrepõem, assim só lhes resta a opção de se comunicar por meio de sons. O mais surpreendente, porém, é que alguns desses animais vão procurar os parentes quando param de ouvir os chamados do outro. Para isso, precisam sair do próprio território e invadir o alheio. Será que isso os deixa aflitos? Só podemos especular, mas sabemos que, quando encontram filhotes órfãos em outros territórios, eles passam a cuidar dos pequenos indefesos.[42]

A ciência ainda está engatinhando nessa questão, assim como em tantas outras. Afinal, atribuir um nome a outro ser é uma forma avançada de comunicação que, como vimos, é dominada por muitas espécies de animais. Até os peixes, que consideramos criaturas silenciosas, fazem parte dessa lista, mas até agora só sabemos que eles usam os sons para encontrar um parceiro ou defender o território.[43]

19. Luto

Os veados-vermelhos são animais sociáveis. Formam grandes bandos e gostam de fazer parte de um grupo. Apesar disso, existe uma grande diferença de comportamento entre os sexos: após completarem 2 anos de idade, os machos começam a ficar inquietos e se mudam para longe, juntando-se a outros machos, mas o vínculo que formam não é forte. Quando envelhecem, se tornam animais solitários e preferem ficar sozinhos, e é raro tolerarem a presença de um exemplar mais jovem em seu território.

A fêmea, por outro lado, é bem mais estável. Sua manada é uma comunidade sólida liderada por uma "fêmea alfa" experiente. Ela ensina às mais jovens os comportamentos que aprendeu com suas antecessoras, como as trilhas que devem ser usadas entre dois territórios distantes – caminhos por onde elas podem chegar a pastos verdejantes ou a abrigos para o inverno. Em caso de perigo, as fêmeas assustadas se orientam pelo comportamento da líder: ela saberá o que fazer, pois consegue se lembrar de situações semelhantes e de possíveis predadores.

O fato, porém, é que nem sempre o perigo surge na forma de outro animal. Por exemplo, várias vezes já observei bandos de fêmeas deixando um território logo no início de uma caçada com carros. Elas escutam o tradicional berrante de caça, que soa alto para animar os caçadores no início da caçada, e sabem que é hora de ir embora. Isso prova que o veado-vermelho é capaz de se lembrar de sons específicos mesmo que só os ouça uma vez por ano, nesse caso no início da temporada de caça.

Além da idade e da experiência, a fêmea alfa deve apresentar outra característica para provar que merece sua posição: uma prole. A prole é considerada um sinal indispensável de que o animal pode assumir a responsabilidade não apenas por si mesmo, mas também por outros. Alguns pesquisadores da vida selvagem acreditam que o resto do bando segue a fêmea alfa por simples coincidência: para eles, como os veados-vermelhos só se sentem bem em sociedade, e, de qualquer maneira, a fêmea mais velha já conduz seu filhote, as outras se juntam mais ou menos de forma aleatória, só porque veem dois animais indo na mesma direção.

No entanto, estou convencido de que os membros do bando sabem que são liderados por uma fêmea bastante experiente. Ela toma as decisões, e as outras não se importam em acatá-las. Mas os pesquisadores discordam disso e acreditam que o bando só decide seguir essas fêmeas alfa porque elas são mais velhas e, logo, mais vigilantes, então são as primeiras a reagir na hora de fugir. Assim os animais a seguem mesmo que seja só por garantia, então a fêmea alfa exerceria apenas uma liderança passiva, não um comando real.[44]

Também não acredito nessa hipótese. As fêmeas de fato não lutam pela supremacia no bando, mas decidem a hierarquia sem fazer alarde, de uma forma que ainda não conhecemos. Mas se a liderança fosse determinada de forma aleatória, as fêmeas do grupo poderiam seguir uma fêmea num dia e outra no dia seguinte, e seria muito provável que as fêmeas mais assustadiças, jovens, inexperientes e nervosas se tornassem líderes, pois ao menor sinal de perigo elas correm na frente, afoitas. Mas a liderança real é caracterizada por um traço completamente oposto: a capacidade de não se deixar perturbar à toa, pois quem entra em pânico com frequência tem menos tempo para comer, portanto menos energia para garantir a própria sobrevivência. Acredito que as fêmeas do bando reconheçam a experiência que vem com a idade e, em um consenso silencioso, concordem em seguir a fêmea alfa.

Às vezes, porém, coisas ruins acontecem com a líder: por exemplo, sua cria morre. Antigamente, as causas principais eram uma doença ou o ataque de um lobo faminto, mas hoje em geral os filhotes são abatidos por um tiro de caçador. Quando isso acontece, as fêmeas reagem da mesma forma que os humanos. Primeiro, surge uma perplexidade incrédula, depois vem o luto. Luto? Os cervos sentem isso? Não só sentem, como precisam disso: o luto as ajuda a dizer adeus. O vínculo entre a mãe e o filhote é tão intenso que não desaparece de uma hora para a outra. A mãe precisa aceitar aos poucos que seu filho está morto e que tem que se afastar do pequeno cadáver. Ela volta ao local da morte e chama pelo filhote, mesmo que sua cria já tenha sido levada pelo caçador.

Quando uma líder fica de luto, ela coloca o grupo inteiro em perigo, porque todas ficam perto do local onde o filhote foi morto, portanto perto do perigo. O certo seria conduzir o bando para um local seguro, mas, enquanto a mãe ainda mantém esse elo com o filho, a partida é postergada. Não resta dúvida de que, em circunstâncias como essa, o ideal é haver uma troca de liderança, e isso acontece sem lutas de poder. Outra fêmea experiente apenas dá um passo à frente e assume a liderança do grupo.

Quando é a líder quem morre e deixa o filhote, porém, as outras fêmeas não demonstram nenhuma piedade. Não existe a menor chance de ele ser adotado, muito pelo contrário: o órfão muitas vezes é expulso do bando, talvez porque o grupo queira evitar uma possível dinastia. À mercê da própria sorte, o animal tem poucas chances de sobreviver e geralmente não chega ao inverno seguinte.

20. Vergonha e arrependimento

Eu nunca quis ter cavalos. Eles são muito grandes e perigosos. E também nunca tive vontade de montar um, pelo menos até o dia em que compramos duas éguas. Fazia muito tempo que minha esposa sonhava ter esses animais, e havia pasto para arrendar perto da cabana em que moramos na floresta. Assim, quando eu soube de um criador que queria vender seus animais e morava a poucos quilômetros da minha casa, parecia ter chegado o momento perfeito. Zipy, a égua quarto de milha, tinha apenas 6 anos e estava domada. Sua amiga Bridgi, a égua appaloosa, de 4 anos, era considerada um animal impossível de montar, pois tinha sido diagnosticada com um problema no lombo. Isso tinha vindo bem a calhar. Eu precisava conseguir dois cavalos, pois animais sociais não devem ficar sozinhos, e o fato de apenas um poder ser montado não era um problema, pois assim eu não precisaria montar.

Mas então tudo mudou. Nosso veterinário examinou as éguas e concluiu que Bridgi não tinha problema algum e nada a impedia de ser montada. Foi então que, juntos, começamos a ter aulas de equitação. Quando comecei a montar Bridgi (e sobretudo conforme passei a cuidar dela no dia a dia), desenvolvi uma relação muito próxima com ela, que foi evoluindo até que meu medo desapareceu por completo. Aprendi que os cavalos são muito sensíveis e reagem de imediato aos menores sinais.

Quando minha esposa ou eu não estávamos muito concentrados ou nos irritávamos, as éguas ignoravam nossos comandos ou nos empurravam para poderem se alimentar. O mesmo acontecia durante a montaria: ao menor sinal (por exemplo, uma pequena mudança de peso na direção para onde queríamos ir) elas percebiam se estávamos tensos e sabiam se deveriam obedecer aos nossos comandos. Por outro lado, ao longo do tempo também aprendemos a reconhecer e interpretar os menores sinais de Zipy e Bridgi. E foi nesse convívio que descobrimos a ampla gama de sentimentos delas.

Por exemplo, nossas éguas têm um senso de justiça desenvolvidíssimo, que se manifesta nas mais diversas situações, mas fica especialmente claro e mais fácil de entender na hora de se alimentarem. Zipy, agora com 23 anos, já não digere tão bem a grama do pasto, e se não fizéssemos nada pouco a pouco ela começaria a perder peso. Assim, todos os dias, na hora do almoço, ela recebe uma grande porção de cereais como reforço. Quando Bridgi, que é três anos mais nova, assiste à cena, fica transtornada – começa a saltitar e aponta as orelhas para trás (um gesto cauteloso de ameaça). Resumindo, fica irritada. Assim, também recebe um punhado da ração, que espalhamos numa longa linha no pasto. Como precisa catar os grãos no meio da grama, Bridgi acaba demorando tanto quanto sua amiga mais velha, e assim volta a se acalmar.

Durante o treino é possível ver um comportamento semelhante. É nítido que as éguas gostam de ser montadas na pequena área de equitação, mas não pelo exercício em si, uma vez que podem cavalgar livres por um grande pasto o ano todo, então já se movimentam o suficiente. Na verdade, elas gostam da atenção que damos a elas enquanto treinamos os diferentes movimentos, dos elogios e dos afagos quando algo dá certo.

No convívio com as éguas, notamos que elas têm um outro sentimento: a vergonha, e em situações semelhantes a nós. Apesar de ter mais de 20 anos, às vezes Bridgi se comporta como uma garotinha boba e não obedece assim que a chamamos; antes, dá algumas voltas a galope pelo pasto, ou tenta comer sem darmos o comando. Quando isso acontece nós a repreendemos, por exemplo, esperando-a voltar ao normal e, com isso, fazendo-a esperar um pouco para poder comer. Em geral, ela tira a bronca de letra, mas, quando Zipy, a mais velha, assiste à cena, Bridgi balança a cabeça envergonhada e começa a bocejar. É possível ver claramente como ela está constrangida. Em outras palavras, Bridgi fica envergonhada do próprio comportamento infantil.

Pensando bem, a vergonha em geral pressupõe a presença de uma outra pessoa, e é o fato de ela ter assistido a tudo que torna a situação constrangedora. Parece que com os cavalos não é diferente, e acho que esse sentimento existe em muitos animais sociais. O motivo por trás desse sentimento ainda não foi estudado em animais, mas em seres humanos já: ele surge porque a pessoa envergonhada violou as regras sociais. Como resultado, fica corada e baixa o olhar, sinalizando submissão.

Os outros membros do grupo percebem o constrangimento e em geral sentem compaixão, e, como resultado, quem cometeu o erro acaba sendo perdoado. Ou seja, em última análise, a vergonha e o constrangimento representam uma espécie de mecanismo de autopunição e perdão. Costuma-se pensar que os animais não são capazes de sentir vergonha ou constrangimento, porque para se envergonhar é preciso pensar sobre as próprias ações e os efeitos delas sobre os outros.[45] Infelizmente não conheço pesquisas sobre o tema, mas existe um sentimento parecido com a vergonha e o constrangimento, e existem relatos sobre ele: o arrependimento.

Quantas vezes na vida cada um de nós já lamentou ter tomado uma decisão errada? O arrependimento nos impede de cometer o mesmo erro duas vezes. Ele é muito útil, pois nos ajuda a economizar energia e evita a repetição desenfreada de ações perigosas ou sem sentido. Assim, se a existência do arrependimento faz tanto sentido, também faz sentido procurarmos o mesmo sentimento no mundo animal. Pesquisadores da Universidade de Minnesota, em Minneapolis, tentaram encontrar sinais de arrependimento em ratos. Construíram uma "praça de alimentação" especial para eles, uma arena com quatro entradas nas quais havia diferentes "restaurantes".

Quando um animal entrava num restaurante, emitia-se um som que indicava o tempo de espera. Quanto mais agudo, maior o tempo. Foi quando os roedores começaram a agir como os humanos. Alguns perdiam a paciência e mudavam de restaurante na esperança de serem servidos logo. Às vezes, porém, o som do restaurante ao lado era ainda mais agudo, e portanto o tempo de espera seria ainda maior. Quando isso acontecia, os animais lançavam olhares melancólicos para o lugar que tinham escolhido primeiro. Além disso, ficavam menos propensos a mudar de fila e aceitavam esperar mais tempo pela comida.

Os seres humanos reagem de forma semelhante, por exemplo, quando mudam de fila no caixa no supermercado e notam que tomaram a decisão errada. Os pesquisadores detectaram nos ratos padrões de atividade cerebral semelhantes aos nossos quando relembramos a má decisão que tomamos. Ao contrário da decepção, que nasce quando não obtemos o esperado, o arrependimento se instaura quando tomamos consciência de que havia uma alternativa melhor. E, segundo os pesquisadores Adam P. Steiner e David Redish, é exatamente isso que os ratos parecem ser capazes de sentir.[46]

Se ratos demonstram arrependimento, não seria lógico tentar detectá-lo em cães? Afinal, quase todo dono sabe que o cão se arrepende quando se comporta mal e demonstra que lamenta fazendo aquela cara típica de "cãozinho arrependido" ao levar uma bronca. Nossa cadela Maxi entendia perfeitamente quando fazia algo errado e eu a repreendia. Ela abaixava a cabeça e olhava para cima, como se estivesse envergonhadíssima e implorasse meu perdão. E foi exatamente esse comportamento que os pesquisadores decidiram testar. Bonnie Beaver, da Faculdade de Veterinária da Texas A&M College, chegou à seguinte conclusão: os cães fazem aquela cara típica de arrependidos quando descobrem o que seu dono espera ao fazer a cara feia e dar a bronca. Portanto, o cão reage à bronca, e não ao peso na consciência.[47]

Alexandra Horowitz, do Barnard College de Nova York, chegou à mesma conclusão. Ela pediu a 14 donos de cães que deixassem seus animais numa sala com uma tigela cheia de comida e lhes advertissem que não tocassem em nada. Resultado: embora parte dos cães tivesse seguido as instruções, quase todos fizeram o olhar arrependido quando foram repreendidos.[48] No entanto, isso não significa que os cães estão apenas fingindo que sentem muito pelo que fizeram. Se a bronca acontece logo em seguida a qualquer ato, eles são capazes de associar ação e reação, e a carinha que fazem pode realmente expressar o arrependimento que atribuímos a eles.

Mas voltemos ao sentido da justiça, que existe não apenas entre os cavalos, mas no reino animal em geral. Quando se vive em comunidade, é preciso haver justiça dentro dela. Todos os membros de uma sociedade devem ser tratados da mesma forma, do contrário, logo surge um ressentimento generalizado, que, se alimentado, pode dar lugar à violência. Entre os humanos, em tese as leis protegem os interesses de todos da mesma forma. Porém, no dia a dia, sentimentos como a vergonha quando agimos da forma errada e a felicidade quando agimos bem são muito mais importantes do que a lei. De que outra forma a justiça poderia funcionar dentro das quatro paredes do lar de uma família?

Já relatei que nossas éguas sentem vergonha e têm senso de justiça. Claro, essa observação é pessoal, e não cientificamente confiável, realizada por um experimento controlado. Mas já foi realizado um experimento para provar que os cães têm senso de justiça. A equipe da Friederike Range, da Universidade de Viena, pôs dois cães que se conheciam sentados lado a lado. Os animais tinham que obedecer a um comando simples: "Me dê a pata." Em seguida, recebiam uma recompensa, que poderia ser muitas coisas. Às vezes, era um pedaço de salsicha, outras apenas um pedaço de pão, e às vezes, nada.

Enquanto as mesmas regras do jogo se aplicaram aos dois, não houve problema, e os animais participaram animados do teste. Mas, para criar inveja ao longo do experimento, foram dadas recompensas de forma injusta. Quando ambos levantavam as patas, apenas um cão ganhava recompensa. Na situação mais radical, o pesquisador recompensou um com uma salsicha e o outro não recebeu nada, mesmo tendo erguido a pata. O cão injustiçado viu com desconfiança o fato de só o outro receber guloseimas. E a questão não era se o outro merecia receber as guloseimas, mas sim o fato de ele próprio não receber nada mesmo tendo erguido a pata. Então, ele parava de cooperar. Mas, se o cão estivesse sozinho e não pudesse comparar sua situação com a de seu companheiro, ele não fazia objeções e continuava cooperando, mesmo quando não recebia nenhuma recompensa por dar a pata. Antes desse experimento, os cientistas tinham observado sentimentos de inveja e injustiça apenas em primatas.[49]

Os corvos também têm um forte senso de justiça. Pesquisadores descobriram isso enquanto realizavam experimentos projetados para avaliar a capacidade de cooperação e uso de ferramentas da ave. Para isso, colocaram uma tábua com dois pedaços de queijo atrás de uma grade. Os queijos estavam amarrados um ao outro por uma corda, cujas extremidades estavam amarradas, por sua vez, aos dois corvos que participaram do experimento. As aves só conseguiam alcançar os pedaços de queijo se ambas puxassem a corda com cuidado e ao mesmo tempo. Inteligentes, os corvos perceberam isso logo, e o experimento funcionou especialmente bem com os parceiros que gostavam um do outro. No caso de outros pares, porém, após puxarem o queijo com sucesso, um dos corvos comeu ambos os pedaços. O pássaro que acabou sem nada memorizou essa informação e a partir de então se recusou a trabalhar em dupla com o colega ganancioso. Ao que parece, nem as aves gostam dos egoístas.[50]

21. Compaixão

Os mamíferos mais comuns na floresta também estão entre os menores membros dessa classe de vertebrados: os ratos-do-campo. Eles são bonitinhos, mas, por causa do tamanho pequeno, é difícil observá-los, portanto eles não atraem o interesse de muitas pessoas que passeiam pelas florestas. Eu só me dei conta de quantas criaturinhas circulam pela vegetação baixa quando tive que entrar na floresta e ficar parado, esperando por um bom tempo um possível cliente interessado na nossa floresta funerária. Os ratos-do-campo são onívoros e passam o verão se fartando sob as velhas faias da floresta. Ali não faltam brotos, insetos e outros animais pequenos, por isso eles podem criar sua prole em total sossego. Mas então o inverno se aproxima, e, para evitar o frio congelante, eles se mudam para o pé de troncos imponentes, cujas raízes cobrem o solo da floresta. Essas raízes formam tocas naturais, que os ratos só precisam ampliar um pouco. Como são seres sociáveis, em geral vários animais vivem juntos, dividindo o mesmo espaço.

Às vezes, quando a neve cobre o solo, consigo ver o rastro de um verdadeiro drama que se desenrola entre as raízes. Marquinhas de pata levam ao tronco da faia – sinal de que alguma marta passou por ali. E as martas adoram ratos no café da manhã. Quando me aproximo de um rastro que leva à toca na raiz, vejo como o local foi violentamente escavado e raspado. Não só a marta escavou sem a menor cerimônia o buraco com os suprimentos que os ratos tinham escondido para o inverno, como também pode ter levado até um dos moradores junto. O que os outros ratos devem ter achado disso? Será que apenas sentiram medo da marta ou também perceberam que um deles sofreu?

Ao que tudo indica, os ratos sabem que um deles sofreu, conforme descobriram pesquisadores da Universidade McGill de Montreal, que encontraram evidências de compaixão nos pequenos mamíferos, os primeiros animais não primatas em que esse sentimento foi observado. Os experimentos em si foram impiedosos. Os cientistas provocavam lesões dolorosas, injetando ácido nas patas dos ratos ou pressionando partes sensíveis do corpo do animal em superfícies quentes. Se o rato torturado já tivesse observado antes outro rato sofrendo torturas semelhantes, ele sentia muito mais dor do que se não tivesse assistido.

Por outro lado, a presença de um rato menos traumatizado ajudava o torturado a suportar melhor a dor. O fator chave, nesse caso, foi o tempo de convívio dos ratos. Os efeitos nítidos da compaixão surgiam quando os animais estavam juntos havia mais de 14 dias, um tempo típico entre os ratos-do-campo que vivem livres nas florestas da Europa Central.

Mas como os ratos se comunicam? Como sabem se outro de sua espécie está sofrendo e passando por maus bocados? Para descobrir, os pesquisadores bloquearam todos os sentidos deles, um a um, em sequência: visão, audição, olfato e paladar. E, embora os ratos costumem se comunicar através de odores e emitir chamados ultrassônicos como alarme, é surpreendente que, no caso da compaixão, seja a visão de companheiros sofrendo que os faça ter empatia.[51] No inverno, se uma marta tira um rato-do-campo de sua toca aconchegante entre as raízes, os ratos que permaneceram e viram o que aconteceu também podem passar por momentos terríveis. Ainda não se sabe quanto tempo dura essa compaixão. Por isso, quando eu me deparo com rastros de uma marta na neve, não faço ideia se a compaixão e, consequentemente, a inquietação ainda reinam entre os pequenos moradores da toca.

Mas como funciona a compaixão entre membros que acabaram de se juntar ao grupo e ainda não estão integrados a ele? Ao que tudo indica, ela é bem menos intensa e, surpreendentemente, nesse sentido os ratos não diferem dos humanos, de acordo com descobertas dos pesquisadores da Universidade McGill. Comparando a empatia de estudantes e ratos, os cientistas concluíram que a compaixão por familiares e amigos é muito maior do que por estranhos. Em todos os seres examinados o motivo foi o mesmo: o estresse. Indivíduos estressados se tornam mais frios diante do sofrimento alheio. Muitas vezes, a causa desse estresse são os próprios estranhos, que ao serem vistos fazem o hormônio cortisol ser liberado naquele que os vê. Para ter certeza de que isolaram a substância causadora do estresse, os pesquisadores conduziram testes bloqueando a produção do cortisol em estudantes e ratos. Resultado: a compaixão voltou a crescer.[52]

Cientistas holandeses da Universidade e Centro de Pesquisa de Wageningen supervisionaram chiqueiros experimentais no Centro de Inovação Suína Sterksel e colocaram música clássica para os porcos domésticos ouvirem. A ideia era descobrir se eles eram capazes de associar a música a pequenas recompensas, como pedaços de chocolate com passas escondidos no meio da palha. Com o tempo, os porcos do grupo experimental passaram a associar a música a certos sentimentos. E é aí que a coisa fica interessante, porque depois os cientistas colocaram no chiqueiro porcos novos, que nunca tinham ouvido esses sons, portanto não sabiam o que significavam. Apesar disso, os porcos recém-introduzidos viveram todos os sentimentos dos porcos musicais: se os suínos do primeiro grupo ficavam felizes, então os recém-chegados também brincavam e pulavam. Por outro lado, se os porcos musicais se urinavam de medo, os novos do grupo eram contagiados e apresentavam o mesmo comportamento. Esses animais podem claramente sentir empatia, entender os sentimentos dos outros e também experimentá-los – e essa é a definição clássica de empatia.[53]

E como é esse sentimento entre espécies diferentes uma da outra? Está claro que nós, seres humanos, reagimos ao sofrimento de outras espécies. Do contrário, por que ficaríamos tão chocados ao ver fotos de galinhas depenadas e ensanguentadas dentro de gaiolas velhas e escuras ou macacos com o cérebro exposto e conectado a equipamentos de pesquisa? Um exemplo bastante interessante da compaixão interespécies vem do zoológico de Budapeste. Lá, certa vez, o visitante Aleksander Medveš filmava um urso-pardo em seu cercado, quando, de repente, uma gralha caiu no fosso. A ave começou a bater as asas na água e foi perdendo a força, correndo o risco de se afogar, até que o urso interveio. Com todo o cuidado, ele pegou a ave com a boca e a levou para terra firme. O pássaro permaneceu deitado, paralisado por um tempo, antes de se recompor. O urso não deu a menor atenção àquela carne fresca que seria sua presa na vida selvagem e voltou para sua ração de vegetais.[54] Será que foi proposital? Por que o urso faria algo assim, se ficou claro que não queria comer a ave nem se divertir?

Para descobrir se existe empatia interespécies, além da observação direta talvez valha a pena estudar o cérebro de cada uma delas. Para saber se a espécie é capaz de sentir empatia, os pesquisadores investigam se ela possui os chamados neurônios-espelho. Essa célula especializada foi descoberta em 1992 e apresenta uma peculiaridade: quando realizamos uma atividade qualquer, as células nervosas normais disparam impulsos elétricos. Já os neurônios-espelho são ativados não só quando executamos uma ação, mas também quando observamos alguém executar uma ação. No segundo caso, o neurônio-espelho reproduz a mesma atividade neural correspondente à observada quando a ação foi executada pela própria pessoa – é uma representação mental da ação.

Um exemplo clássico é o do bocejo: se o seu parceiro abrir a boca, você também sentirá necessidade de bocejar. (Claro que ser contagiado por um sorriso é melhor ainda.) Esse efeito é mais evidente em casos graves: se um membro da família corta o dedo, você sofre como se tivesse se machucado, pois as células nervosas semelhantes são ativadas em seu cérebro. No entanto, os neurônios-espelho só funcionam se forem treinados desde a mais tenra infância. As pessoas que têm pais ou cuidadores amorosos são capazes de espelhar o sentimento do outro e exercitar esses neurônios desde cedo, enquanto os indivíduos que não recebem esse tipo de cuidado na infância são incapazes de sentir compaixão ao longo da vida.[55]

Os neurônios-espelho são, portanto, o componente físico responsável pela compaixão, pela empatia. Atualmente, as pesquisas visam descobrir quais espécies têm esse tipo de célula. Tudo o que a ciência sabe até o momento é que os macacos as têm. Ainda não conduzimos testes para descobrir quais outras espécies se assemelham a nós nesse quesito. Com frequência, os cientistas dizem que devemos esperar surpresas nesse caso. Eles presumem que todos os animais que vivem em grupos ou enxames têm mecanismos cerebrais semelhantes, pois as unidades sociais só funcionam se for possível sentir empatia por outros indivíduos da mesma espécie e se colocar no lugar deles. Nesse caso, o peixinho dourado do capítulo "Capacidade de sentir" já pode comemorar, pois, como é um animal que vive em um grupo bastante coeso, também entra nessa lista.

22. Altruísmo

Os animais agem de forma altruísta? O altruísmo é o oposto do egoísmo, traço que, no contexto da evolução (apenas o mais forte/melhor sobrevive), nem sempre é negativo. Por outro lado, para viver em comunidade, é preciso ter um certo nível de altruísmo, desde que essa característica não esteja necessariamente associada ao livre-arbítrio. Nesse sentido, muitos animais agem de forma altruísta, até mesmo as bactérias, cujos indivíduos resistentes aos antibióticos liberam indol, substância que funciona como um sinal de alerta. Resultado: todas as outras bactérias da área se protegem. Assim, mesmo os indivíduos que não sofreram mutação para se tornarem resistentes ao antibiótico conseguem sobreviver.[56] Esse é um caso claro de altruísmo, mas, segundo o ponto de vista atual da ciência, não se sabe ao certo se a bactéria que lança o alerta o faz seguindo seu livre-arbítrio, por própria escolha.

Para mim, o altruísmo só é válido quando é preciso fazer uma escolha real: abrir conscientemente mão de algo para ajudar o outro. Em última análise, não é possível determinar quando os animais agem dessa forma, mas podemos chegar perto disso estudando os seres mais inteligentes. As aves pertencem a essa categoria, e a todo momento dão mostras de altruísmo. Quando um inimigo se aproxima, por exemplo, o primeiro chapim a notar o perigo emite um chamado de advertência, para que todos os outros possam fugir e ficar em segurança. A ave que adverte, porém, se expõe a um perigo, porque chama a atenção do agressor. Claro que ela também pode tentar ficar em segurança, mas a chance de ser pega é maior que a dos outros chapins.

Por que o chapim corre esse risco? Em termos evolutivos, esse comportamento não faz sentido, uma vez que, para a espécie como um todo, tanto faz qual exemplar vai virar comida de predador. Mas, no longo prazo, o altruísmo significa não apenas dar, mas também receber, e indivíduos solidários e generosos podem se beneficiar disso, como Gerald G. Carter e Gerald S. Wilkinson, da Universidade de Maryland, puderam observar nos morcegos-vampiros.

À noite, os morcegos-vampiros sul-americanos cravam suas presas no gado e em outros mamíferos para sugar o sangue de todos. No entanto, para se alimentarem de forma satisfatória, eles precisam de experiência e sorte, tanto para procurar a vítima quanto para garantir que ela não se mexa. Os morcegos azarados ou inexperientes muitas vezes passam fome, mas, quando os exemplares bem-sucedidos voltam para a caverna, regurgitam parte da refeição para os companheiros menos afortunados. Assim, todos se alimentam. E são todos *mesmo*. Por incrível que pareça, não são só os familiares próximos que podem participar do banquete, mas qualquer morcego, mesmo os que não têm relação de parentesco com o que levou o alimento para a caverna.

Por que os morcegos fazem isso? Do ponto de vista evolutivo, apenas os mais fortes devem sobreviver, e os animais que doam o próprio alimento perdem força, em vez de ganhar. Afinal, eles gastaram energia para conseguir o alimento, às vezes até se expondo a riscos e se desgastando ainda mais, colocando-se em perigo com mais frequência. Além disso, alguns membros da comunidade podem se aproveitar dos altruístas e tirar vantagem de seus serviços com regularidade. Mas não foi isso que descobriram Carter e Wilkinson. Acontece que os morcegos se reconhecem uns aos outros e sabem exatamente quem é generoso e quem não é. Assim, os altruístas são os primeiros a serem favorecidos caso entrem numa maré de azar.[57]

Isso significa que o altruísmo, no fundo, é egoísta? Do ponto de vista da evolução, certamente sim, porque os indivíduos que apresentam essa qualidade têm maior probabilidade de sobreviver a longo prazo. Mas as observações dos pesquisadores nos ensinam outra coisa: ao que tudo indica, os morcegos têm a capacidade de escolha, um livre-arbítrio, e podem decidir se vão ou não compartilhar seu alimento. Do contrário, certamente não haveria necessidade de uma complexa rede social em que os membros se reconhecem, atribuem certas características a determinados indivíduos e agem de acordo com os traços comportamentais dos outros. O altruísmo poderia simplesmente ser fixado no código genético como uma espécie de reflexo, o que faria com que fosse impossível reconhecer qualquer diferença de caráter entre os animais. Contudo, o altruísmo só se torna valioso quando acontece de forma voluntária, e os morcegos de fato exercitam essa liberdade de escolha.

23. Criação

Assim como as crianças da espécie humana, para dominar as regras da vida adulta os filhotes de animais precisam ser educados. Minha mulher e eu aprendemos como isso é importante observando o pequeno rebanho de cabras que compramos. O dono da fábrica de laticínios do vilarejo vizinho só vende os cabritos, porque precisa do leite materno para fazer queijo. Isso significa que os filhotes têm dois destinos possíveis: virar carne no açougue ou serem vendidos a criadores amadores. Os quatro que compramos tiveram sorte e vieram para o nosso pasto. Mal foram colocados na área cercada, uma cabritinha saltou em pânico e adentrou a floresta, sendo encontrada a quase um quilômetro de distância. Pensamos que nunca mais a veríamos, afinal como ela saberia onde ficava sua nova casa? Normalmente, sua mãe estaria a seu lado, balindo para tranquilizá-la e fazê-la se sentir segura. O problema é que o filhote que compramos não tinha esse sistema de apoio. Embora todos fossem parte do mesmo rebanho, os outros três cabritos claramente não conseguiam transmitir uma sensação de proteção. E essa primeira fuga foi só o começo dos problemas.

Bärli (a fugitiva castanha) voltou, mas então os outros também começaram a pular a cerca, nos dando o maior trabalho para resgatá-los de volta. Só nos restava torcer para que o comportamento deles melhorasse após parirem as primeiras crias. E foi o que aconteceu: assim que tiveram seus primeiros cabritinhos, as cabras se acalmaram e passaram a ficar bem comportadas nas pastagens designadas a elas. Os cabritinhos não nos deram trabalho algum, porque aprenderam com as mães a viver num pasto como uma boa cabra. Quem se comportasse mal era, primeiro, repreendido com balidos. Se não adiantasse, levava também uma forte chifrada da mãe. Nenhum filhote da segunda geração saltou a cerca, e a "fugitiva" Bärli hoje em dia é nossa cabra mais afetuosa e bem comportada, majestosa e calma. O envelhecimento também tem suas utilidades: hoje Bärli está mais pesada e, portanto, um pouco menos ágil. Certamente os filhotes a fizeram criar autoconfiança, e agora ela é a líder do rebanho, o que é mais uma tranquilidade para sua vida.

Tudo isso parece bastante normal e óbvio, mas se o comportamento dos animais fosse apenas instintivo e obedecesse a uma programação preestabelecida no código genético, a situação toda seria um tanto diferente. A aprendizagem seria desnecessária, porque cada situação ativaria o comportamento correspondente. E não é assim que acontece, como podem comprovar milhões de donos de animais. Por exemplo, nossos cães logo aprenderam que não têm permissão para entrar na cozinha, e aprenderam porque ouviram um "Não!" dito com um tom de voz bastante enfático. Eles obedecem à ordem, embora ela não faça o menor sentido no mundo animal.

Mas vamos dar uma olhada na floresta e ver como os animais selvagens aprendem o que precisam saber, começando pelas menores criaturas: os insetos. Se a espécie não cresce numa colônia, como as abelhas ou suas parentes – as formigas e vespas –, desde cedo se encontra à mercê da própria sorte. Não há ninguém para avisar sobre os perigos, e os indivíduos precisam aprender tudo sozinhos. Não é de admirar que grande parte dos filhotes de inseto acabe virando comida de pássaro ou outros inimigos, e talvez essa curva de aprendizado que ocorre sem os pais seja o principal motivo pelo qual os insetos procriem tanto.

Os ratos também se reproduzem com grande velocidade, mas mesmo assim são muito mais lentos que os insetos. Os ratos silvestres, por exemplo, a cada quatro semanas geram uma nova prole, que, por sua vez, pode ter filhotes com duas semanas de vida. Mas os pais não dão as costas e abandonam os filhotes – antes, ensinam a cria a interagir com o ambiente e a encontrar comida. Cientistas pesquisaram a especificidade desse treinamento no caso dos ratos domésticos, que são comuns onde eu moro. Mas a pesquisa ocorreu longe de casa, na ilha de Gough, extremo sul do oceano Atlântico, a milhares de quilômetros do continente mais próximo.

Nessa ilha, aves marinhas como os gigantescos albatrozes se reproduziam sem serem incomodadas. Pelo menos até o dia em que os navegadores descobriram a ilha e, sem querer, liberaram por lá ratos domésticos que haviam viajado como passageiros clandestinos. Em terra firme, os ratos fizeram o que fazem em qualquer lugar: cavaram tocas, comeram raízes e grama e procriaram de forma descontrolada. Certo dia, porém, um deles sentiu vontade de comer carne e de algum modo descobriu como matar um filhote de albatroz, o que, deixando de lado a selvageria do ato, não é uma tarefa fácil, pois os filhotes da ave são cerca de 200 vezes maiores que o roedor. O problema foi que os ratos logo aprenderam que tinham que atacar em bando e morder o filhote sem parar, fazendo-o sangrar até a morte. Os mais brutais chegaram até mesmo a comer os filhotes de albatroz ainda vivos.

Os pesquisadores concluíram que, durante anos, os filhotes de albatroz eram caçados apenas em determinadas regiões da ilha. Claramente os pais ensinavam sua estratégia de caça em grupo à prole, que a passava para a geração seguinte. Ao mesmo tempo, os ratos de outras áreas não conheciam a técnica.

Muitos mamíferos maiores, como os lobos, também transmitem suas estratégias de caça para os filhotes. Os javalis e cervos adultos ensinam os filhotes sobre quais trilhas suas famílias vem percorrendo com segurança ao longo de décadas, conforme elas mudam dos pastos de verão para os de inverno. Por causa desse uso intenso, muitas vezes as trilhas são de terra batida e duras como cimento. Posso afirmar que os animais que aprendem com as gerações mais velhas evitam uma morte precoce. Infelizmente, porém, não sei dizer se as escolas dos animais são mais divertidas do que as humanas.

24. Como se livrar dos filhos

Assim como acontece com a maioria dos pais, em determinado momento ficou claro para mim e para minha mulher que um dia nossos filhos teriam que andar com as próprias pernas. Desde que eram pequenos nós os educamos para serem independentes, e a natureza – isto é, os hormônios – fez o resto do trabalho. Durante a adolescência deles, brigávamos com alguma frequência, e quando isso acontecia tanto eu e minha mulher quanto nossos filhos ficávamos com a sensação de que essa futura separação seria positiva. O sistema educacional contribuiu: quando nossos filhos terminaram o ensino médio, chegou a hora de fazer faculdade. E como não há instituições de ensino superior perto da nossa solitária cabana, nossos filhos tiveram que se mudar para Bonn, a 50 quilômetros de casa. Com isso, a relação entre pais e filhos melhorou de uma hora para outra, porque, com a distância, paramos de irritar uns aos outros a cada cinco minutos.

Como esse momento de separação acontece no reino animal? Mamíferos e pássaros também têm um vínculo forte entre as gerações, mas em algum momento esses laços devem ser afrouxados. Além disso, a maioria das espécies tem outra questão: em no máximo um ano os "adolescentes" precisam abrir espaço para os bebês da prole seguinte. Como os pais podem fazer os filhos "se emanciparem"?

Uma das formas é deixar um gosto ruim na boca do filhote. Nós tivemos a oportunidade de ver isso acontecer com nossas cabras leiteiras. Quando um cabrito morre, temos que pôr a mão na massa e ordenhar a mãe. Do contrário, seu úbere pode inflamar e ficar dolorido. Por outro lado, porém, obtemos um leite delicioso, que tomamos junto com nossos cereais ou processamos e transformamos em queijo. Mas o leite só é delicioso nas primeiras semanas, quando está saboroso, cremoso e se parecendo muito com um bom leite de vaca.

O problema é que, com o passar do tempo, o leite começa a ter um sabor cada vez mais amargo, até que em algum momento ninguém mais quer bebê-lo. Então começamos a aumentar os intervalos da ordenha, e a produção do leite começa a diminuir. Não importa se quem bebe são os cabritos ou nós; o sabor mais amargo torna o úbere pouco atraente para a prole, que passa a se alimentar cada vez mais de grama e outras plantas. Isso alivia a pressão sobre a mãe e faz com que os cabritos parem de depender dela para se alimentar. Além disso, a mãe só deixa os adolescentes mamarem por alguns segundos, então ergue a perna e, irritada, afasta o cabrito. Na hora certa – na época do outono, a temporada de acasalamento –, a mãe já dispõe de todas as reservas de energia do corpo só para si e para a prole que irá gerar no ano seguinte.

Já as abelhas querem se livrar não dos filhos no fim do verão, mas, sim, dos maridos. Os zangões, criaturas mansas, de olhos grandes e sem ferrão, passam a primavera e o verão inteiros se refestelando pela colmeia. Eles não procuram flores, não ajudam a secar o néctar e transformá-lo em mel e não alimentam nem cuidam da prole. Apenas aproveitam a vida, sendo alimentados pelas operárias e voando de vez em quando pelo campo em busca de alguma rainha pronta para o acasalamento. Quando encontram uma, começam a persegui-la de imediato, mas apenas alguns sortudos conseguem se unir a ela em pleno voo. Os que não conseguem retornam à colmeia e são consolados com uma refeição adocicada.

Eles poderiam viver para sempre desse jeito, mas, com o fim do verão, acaba também a paciência das operárias com os preguiçosos. A essa altura, a jovem rainha já acasalou, e as irmãs dela, que deixaram a colmeia com seus enxames, também já foram engravidadas. O inverno se aproxima, e os valiosos suprimentos devem bastar para a rainha e para alguns milhares de abelhas-operárias que sobrevivem ao inverno. Nada foi armazenado para os irritantes zangões, e é nesse momento que começa um capítulo terrível no ciclo de vida desses insetos: no fim do verão, eles são massacrados. Os machos, até então paparicados, são expulsos da colmeia. Não adianta resistir, embora os zangões tentem usar suas perninhas desesperadamente para se manter na colmeia. Eles claramente não querem sair e ficam em estado de alerta total. Só por garantia, porém, qualquer zangão que resista demais acaba sendo ferroado e morto. As operárias não mostram a menor piedade; os que permanecem vivos são expulsos da colmeia e acabam tendo uma morte lenta e sofrida de fome ou indo parar no estômago de um chapim tão faminto quanto ele.

25. Uma vez selvagem, sempre selvagem

Certo dia, anos atrás, recebi uma ligação de um vilarejo vizinho. Uma mulher preocupada me informou que havia um filhote de cervo perto de sua casa e não sabia como proceder. Fui fazendo algumas perguntas até descobrir que seus filhos haviam brincado com o animal na floresta e decidido levá-lo para casa. Um equívoco. Por melhores que fossem suas intenções, para o jovem animal isso representou uma tragédia, pois, durante as primeiras semanas de vida, os cervos deixam seus filhotes basicamente deitados sozinhos, escondidos nos arbustos ou na grama alta, pois é mais seguro para ambos. Uma mãe acompanhada do filhote se movimenta lentamente porque a todo momento ela precisa esperar por ele. A cria é inexperiente e demora para seguir a mãe, e isso a transforma em alvo ideal para lobos ou linces, que veem um par de presas de longe e conseguem se alimentar sem dificuldade.

Por isso, nas primeiras três ou quatro semanas as mães preferem simplesmente abandonar os filhotes em algum lugar protegido e escondido. Como os filhotes quase não têm cheiro, ficam bem camuflados e não atraem a atenção dos predadores. A mãe passa por ali apenas de vez em quando para amamentar o filho, mas logo vai embora. Assim, tem mais tempo para comer brotos nutritivos e não precisa ficar constantemente de olho na cria.

Se uma pessoa desavisada se depara com um filhote silencioso, solitário e deitado no chão, tem a reação instintiva de querer cuidar dele. Afinal, deve imaginar o que um bebê humano sofreria se alguém simplesmente o largasse num lugar qualquer e depois desaparecesse. Assim, de vez em quando surgem esses "ajudantes" que encontram um suposto órfão perdido e, por conta própria, resolvem levá-lo para casa. No entanto, na maioria das vezes, eles não sabem o que fazer em seguida e acabam entrando em contato com especialistas.

Geralmente é nessa hora que eles percebem que levar o filhote para casa foi um tremendo erro, mas a essa altura já quase não há mais o que fazer para reverter a situação: o filhote absorveu o cheiro do humano e não pode mais ser devolvido à floresta e à mãe, pois ela não reconhece mais o filho. Alimentar um filhote de cervo é uma tarefa árdua, pelo menos no caso dos machos, como veremos mais adiante.

Para mim, o cervo é um bom exemplo de como o amor materno pode assumir as mais diferentes formas. A maioria dos mamíferos faz como nós e está sempre em contato com seus descendentes, mas há espécies que não agem assim. Longe de ser cruéis, elas apenas se adaptaram a uma situação diferente. E a verdade é que, mesmo sem o contato constante com a mãe, os filhotes de cervo se sentem em segurança nas primeiras semanas de vida. Isso só muda quando eles passam a acompanhar o passo rápido da mãe. Aí, então, eles passam a fazer companhia a ela e raramente se afastam mais de 20 metros.

O problema é que hoje em dia esse comportamento típico das primeiras semanas tem consequências muito trágicas para os filhotes. Quando se veem em perigo, eles se abaixam, pois sabem por instinto que é difícil detectá-los pelo odor. Mas o que tem acontecido é que muitas vezes não é um lobo ou um javali faminto que está procurando uma refeição suculenta, mas, sim, tratores com lâminas enormes e afiadas que cortam a grama de hectares de terra em alta velocidade. Os filhotes abaixados acabam sendo atingidos pelas lâminas e, na melhor das hipóteses, morrem na hora. Muitas vezes, porém, eles se levantam um pouco antes do golpe, e suas pernas são cortadas junto com a grama. A solução seria fazer uma inspeção da área na noite anterior com a ajuda de um cão, que ligaria o sinal de alerta dos cervos. Com isso, a mãe encorajaria sua cria a sair dali e ir para um lugar seguro, fora da área a ser desmatada. Infelizmente, porém, muitas vezes faltam tempo e pessoal para essas operações.

Outro exemplo de que os animais selvagens não servem como animais de estimação, ou mesmo para acariciar, é o gato-selvagem europeu. Em 1990, ele estava quase extinto. Apenas cerca de 400 animais sobreviveram na região montanhosa da parte ocidental da Alemanha, além de uma pequena população de cerca de 200 espécimes nas Terras Altas da Escócia. A floresta que administro no Eifel pertencia a esses últimos refúgios, então de vez em quando eu avistava um ou outro desses pequenos carnívoros.

De lá para cá, a situação melhorou de forma considerável. Graças às medidas de preservação e reintrodução de animais na floresta, hoje milhares de gatos-selvagens vagam pelas florestas da Europa Central. O gato-selvagem europeu tem o tamanho de um gato doméstico robusto e a pelagem densa e tigrada com um tom levemente castanho. A cauda felpuda tem a pelagem em formato de anéis e ponta preta. O problema é que eles se parecem com os gatos domésticos tigrados, embora as espécies não sejam parentes próximas. Só é possível determinar a espécie com segurança por meio de um teste para descobrir o volume do cérebro ou o comprimento do intestino, ou enviando uma amostra de pelo para um teste de DNA, e é claro que os visitantes da floresta não dispõem desses recursos.

Mas existem outras pistas para identificar o animal. Os gatos domésticos são meio molengas e só caçam no campo durante as épocas de calor, e, ainda assim, não se afastam mais de 2 quilômetros de casa. Assim que o inverno chega e o tempo começa a ficar frio e úmido, sua sede de aventura e, portanto, seu raio de atividade diminuem. Em geral os gatos domésticos não se afastam mais de 500 metros de casa, pois querem poder voltar logo para sua cama quentinha quando precisarem. Já os gatos-selvagens são, por necessidade, animais durões; não hibernam nem reduzem o metabolismo no inverno, por isso precisam caçar ratos mesmo que esteja nevando. Portanto, gatos tigrados andando na neve a quilômetros do vilarejo mais próximo são, com certeza, selvagens e livres.

Desde os tempos do Império Romano, os gatos domésticos originários do sul da Europa superaram em muitas vezes o número de gatos-selvagens. Por que, então, os selvagens não desapareceram ao longo do tempo pelo cruzamento entre as espécies? Afinal, a existência de gatos híbridos prova que as duas espécies podem cruzar e gerar prole. A questão, porém, é que isso só acontece em casos excepcionais. Quando as espécies se encontram, o gato domesticado sempre leva a pior, pois o gato-selvagem logo justifica seu nome. E isso levanta a seguinte questão: os gatos-selvagens podem ser animais de estimação? Em áreas rurais, já aconteceu (e ainda acontece) de animais isolados se juntarem a seres humanos. Afinal, muitos amantes dos animais colocam comida na porta de casa para eles. Um exemplo de que algumas espécies estão cada vez menos desconfiadas dos humanos são os pássaros que se alimentam nas casinhas-comedouros.

Recentemente, descobri no meu próprio vilarejo o que acontece quando um filhote de gato-selvagem é criado por uma pessoa. Um praticante de jogging encontrou um filhote à beira de uma trilha isolada na floresta que administro. Ele resistiu ao desejo de pegar o animal desamparado e decidiu observá-lo por um tempo. Depois de alguns dias, voltou ao mesmo lugar, e o montinho de pelos continuava à beira da trilha, miando sem parar. Ficou claro que, por algum motivo, a mãe tinha desaparecido; sozinho e sem ajuda, era bem provável que o gatinho fosse morrer. Então o sujeito decidiu pegar o animal com cuidado e levá-lo para casa. Em seguida, entrou em contato com um centro de recuperação de gatos-selvagens para aprender a cuidar dele. Ao mesmo tempo, o Instituto Senckenberg de Frankfurt confirmou, com base numa amostra de pelo, que o filhote era cem por cento selvagem.

Como tem um intestino menor que o do gato doméstico, o gato-selvagem não pode comer a ração do gato doméstico, por isso o animal capturado recebia carne. Em pouco tempo, porém, o dono não conseguia mais se aproximar enquanto o gato comia, pois o animal partia de imediato para o ataque. Por outro lado, o gatinho permanecia junto da família durante os passeios pelo campo, dando a impressão de que estava sendo domesticado. Aos poucos o animal se tornou mais agressivo e começou a assustar o gato doméstico mais velho que morava na casa. Por fim, a família teve que deixá-lo num centro para reintrodução de espécies selvagens em Westerwald.

A história mostra que muitas espécies não abandonam sua natureza selvagem, portanto não podem viver sob cuidados humanos. Não por acaso, todas as espécies de animais domésticos passaram por um longo processo de reprodução voltada para a domesticação. Ao mesmo tempo, em muitos países adotar um animal selvagem é crime. Dependendo do país, a legislação tem regras bastante rígidas, e animais selvagens só podem ser criados em casa em casos excepcionais. Ainda assim, algumas pessoas tentam fazer o impossível, em especial com o lobo, o que é uma pena, porque, falando especificamente da região onde moro, foi difícil conseguir apoio suficiente para sua reintrodução no habitat da Europa Central.

O lobo não representa um perigo para nós, seres humanos, porque na verdade não tem o menor interesse em nossa espécie. Mas se o mantivermos preso à força, aí a coisa muda de figura. Manter um lobo em cativeiro é proibido por lei, e ele nunca vai deixar de ser um animal selvagem, tal qual o gato-selvagem. Acontece que algumas pessoas acham possível simplesmente forçar o lobo a cruzar com um cão de grande porte, como um husky siberiano, para ter um animal com a aparência do lobo mas manso como um cão doméstico. Essa prática também é ilegal, e existe um mercado negro desses animais, que são importados dos Estados Unidos ou da Europa Oriental.[58] A questão é que os animais que nascem desse cruzamento ainda têm grande proporção de sangue de lobo, portanto não são adestráveis e além disso ficam estressados quando obrigados a conviver com seres humanos. Essa aproximação forçada é perigosa porque o estresse os torna agressivos.

A Dra. Kathryn Lord, da Universidade de Massachusetts, pesquisou por que os lobos, animais bastante sociais, são tão mais difíceis de criar do que os cães. De acordo com os resultados, o motivo está na forma como os filhotes são socializados pelos adultos. Os lobinhos já estão firmes nas quatro patas com duas semanas de vida. A essa altura, eles ainda nem abriram os olhos. Eles também ainda não conseguem ouvir; a audição só se torna funcional após quatro semanas de vida. Assim, eles tateiam cegos e surdos em volta da mãe e, ainda assim, aprendem o tempo todo sobre o mundo a sua volta. Somente com seis semanas é que eles finalmente passam a ter controle sobre os olhos, mas a essa altura já se familiarizaram com os odores e sons de sua matilha e dos arredores, e estão integrados por completo à vida social do grupo.

Já os cães são bem mais lentos, e o fato é que precisam ser assim. Eles não podem criar vínculos cedo demais com membros de sua matilha, porque, no fim das contas, sua principal referência será um ser humano. Milênios de cruzamentos fizeram com que a fase de socialização dos cães fosse postergada, e hoje em dia ela começa com quatro semanas de idade. No caso dos filhotes tanto de lobo quanto de cães, o período de formação dura apenas quatro semanas. Mas, enquanto os filhotes de lobo não têm todos os sentidos desenvolvidos nesse período importante, os de cão podem explorar o ambiente com todos os seus sentidos, e, nos últimos dias dessa fase da vida, os seres humanos passam a fazer parte desse ambiente. Isso significa que, enquanto os cães se sentem à vontade na nossa presença, os lobos mantêm uma certa desconfiança que dura a vida inteira.[59] Ao que tudo indica, os filhotes que são cruzamento de lobo com cão não são desprovidos dessa cautela.

Mas, em comparação com um cervo jovem, um híbrido de lobo com cão é um animal inofensivo. Na verdade, nem todos os cervos, mas os machos são potencialmente letais para um ser humano, pois em questão de um ano o filhote doce e fofo se transforma num macho adulto. Os cervos são animais solitários e não toleram concorrência em seu território. O elo de afeto formado no período da criação desaparece, e, como a pessoa que criou o cervo é outro cervo (pelo menos aos olhos do macho), ele só pode ser um rival e deve ser expulso do território de qualquer forma. Assim, o dono humano pode acabar tendo uma perfuração causada pelos chifres pontiagudos.

Esse comportamento não é a exceção, mas a regra. Mesmo que os animais sejam reintroduzidos na vida selvagem, o perigo continua. Afinal, os cervos têm memória e nem sempre evitam pessoas na idade adulta. Em 2013, um jornal publicou uma matéria relatando que um macho feriu duas mulheres à noite em Waldmössingen. Depois se soube que ele havia sido alimentado por pessoas no ano anterior.[60]

26. Tripas de galinhola

Conforme já mencionei no capítulo "Vergonha e arrependimento", nossas éguas Zipy e Bridgi recebem um reforço de ração de grãos durante o dia. O alimento dá um pouco mais de energia à mais velha, Zipy. Ao que tudo indica, os cavalos não mastigam muito a comida, pois encontramos vários grãos intactos nas fezes delas. E o fato mais nojento: os corvos da área, que estão sempre perto do pasto, comem os grãos não digeridos. Eles reviram a bosta dos cavalos e retiram os grãos de aveia. É uma cena repugnante, e eu me pergunto: será que um alimento coberto por fezes pode ser saboroso? Os animais têm paladar? Com certeza têm, mas ele é adaptado para uma tradição alimentar diferente da nossa. (Nós, humanos, também percebemos o gosto de maneira diferente entre nós mesmos. Veja o caso dos chineses, que adoram aqueles negócios escuros e translúcidos: o ovo centenário. Para quase todo o resto do mundo, eles mais parecem algo em estado de putrefação e decomposição do que uma iguaria.)

Nossas éguas nos dão outra prova de que os animais têm paladar. Elas precisam ser vermifugadas duas ou três vezes por ano. Para fazer isso, esprememos um tubo de pasta medicinal na boca das duas. Parece que o gosto é horrível, pois, quando elas percebem o que vamos fazer, começam a nos evitar. Há pouco tempo, porém, o fabricante passou a produzir esse remédio no sabor maçã, e cavalos adoram maçãs. Desde então, nossa tarefa ficou muito mais fácil.

Qualquer dono de cão sabe que seus animais também entendem do que gostam e do que não gostam. Por exemplo, quando a marca da ração é trocada, às vezes o animal se recusa a comer. Isso nunca foi um problema para Crusty, o buldogue francês, que come o que aparecer pela frente, mas às vezes a mudança na ração provoca consequências amargas – pelo menos para nós. Pouco depois de se alimentar de certas marcas, Crusty começa a soltar uma nuvem de fedor a cada 10 minutos.

Os coelhos têm um paladar ainda mais pervertido que o dos corvos. Enquanto as aves só se alimentam dos grãos que estão nas fezes alheias, os orelhudos muitas vezes comem o próprio excremento – mas não qualquer um. Acontece que todos os herbívoros têm bactérias no intestino que os ajudam a digerir e processar os vegetais. No ceco (parte inicial do intestino grosso) do coelho, existem algumas espécies de bactéria que decompõem os vegetais. O problema é que parte das substâncias produzidas, como as proteínas, as gorduras e o açúcar, só consegue ser absorvida no intestino delgado, que está localizado ainda antes do ceco. Assim, toda a pasta nutritiva desliza pelo sistema digestivo e volta à natureza sem ter sido utilizada. Para o coelho, é normal comer essas fezes logo que são expelidas e, assim, extrair delas calorias valiosas durante seu trajeto pelo intestino delgado. Apenas o resíduo final processado pela segunda passagem no intestino – as fezes duras – é considerado matéria fecal.[61]

Para nós, seres humanos, comer fezes é algo inimaginável, sejam elas de animais ou as nossas. Ou pelo menos para quase todos nós, pois alguns caçadores da Europa Central fazem isso. Eles caçam galinholas, ato que considero tão abominável quanto caçar baleias. Para piorar, a galinhola é uma ave que quase não tem carne, e talvez por isso tenha se criado o estranho hábito de comer também suas tripas, que são os intestinos e seu conteúdo (isto é, as fezes). Essa "iguaria" é assada sobre fatias de pão, picada e, às vezes, servida com acompanhamentos como bacon, ovo e cebola. Apesar de o fogo matar ovos de vermes e outros seres vivos encontrados nas fezes da ave, eu perco o apetite só de pensar nesse "petisco".

Os animais precisam poder sentir o gosto das coisas para distinguir os alimentos adequados dos inadequados (ou mesmo dos tóxicos). Ao que parece, porém, muitas outras espécies não têm um paladar parecido com o humano. Por exemplo, o Ursinho Puff adora mel, mas seu amigo Tigrão não gosta. Isso porque, ao longo da evolução, todos os felinos, como o gato doméstico, o leão e o tigre (e também a foca), perderam as papilas gustativas responsáveis por sentir o doce. Ao que parece, felinos não têm interesse algum em doces, e é fácil entender o motivo: carne não é doce.[62]

Mais difícil ainda é comparar nosso paladar com o das borboletas. Veja o exemplo das borboletas da família Papilionidae, conhecidas como cauda-de-andorinha. A fêmea só põe os ovos onde as lagartas tenham acesso a suculentas folhas de plantas adequadas à alimentação. Assim, tudo o que as lagartas recém-nascidas precisam fazer é mordiscar o que estiver à volta. Mas a borboleta não precisa provar todas as plantas que encontrar em busca de um lugar para pôr os ovos; ela faz essa sondagem com as patas. Enquanto caminha sobre a folha, suas patas, que são equipadas com cílios sensoriais, podem sentir o gosto de até seis substâncias. E mais: a borboleta descobre até a idade da planta e seu estado de saúde.[63] Incrível, não? Nós também podemos detectar se algo está fresco ou não, como fazemos com uma banana passada, por exemplo. A capacidade de descobrir o estado de saúde da planta através do gosto pode ser crucial para a sobrevivência da prole da borboleta. Se o vegetal morrer antes de as lagartas formarem o casulo, o sonho de se transformar em borboleta irá por água abaixo.

27. Um aroma especial

Depois que tratamos do paladar, vamos falar um pouco sobre o olfato. Os animais têm uma clara noção do que cheira bem e do que cheira mal. Assim como acontece com o paladar, essa capacidade serve não só para saber o estado do alimento como também para outras finalidades, e uma delas é tornar-se atraente para o sexo oposto. Todo outono, nosso bode, Vito, mostra como humanos e animais têm preferências diferentes no que diz respeito aos odores que sentimos; ele usa o próprio "perfume" (sua urina) para atrair as duas cabras do rebanho. Quando isso acontece, minha esposa precisa vestir uma roupa específica e um gorro para visitá-los no estábulo, porque o cheiro penetrante não só se espalha pelo quintal inteiro, como também fica impregnado em tecidos e até no cabelo.

Mas o fato de considerarmos algo repugnante talvez seja apenas resultado de um fenômeno cultural do nosso tempo. Duzentos anos atrás, por exemplo, o povo em geral não usava desodorantes, e talvez isso tivesse a ver com o gosto da época. Dizem que, certa vez, no meio de uma campanha militar, Napoleão escreveu a Josefina: "Volto a Paris amanhã à noite. Não se lave!" Os conquistadores espanhóis do século XVI também duvidavam dos benefícios do banho. Talvez quisessem se diferenciar dos mouros, o povo asseado que haviam acabado de expulsar da Península Ibérica. Quando os astecas – povo que habitou o atual México e tomava banhos a vapor para manter o asseio – viram pela primeira vez esses estranhos de pele clara, também sentiram pelo olfato uma nítida diferença entre os povos: os europeus eram nojentos.

Um exemplo mais atual é dos queijos velhos e de maturação longa. Pelo cheiro, também podemos descrevê-los como proteína de leite podre e solidificada, que emitem um odor que, em outras circunstâncias, fariam as pessoas vomitarem. Não estou listando esses exemplos para colocar as pessoas no patamar olfativo dos animais fedorentos. Só quero deixar claro que o fedor é percebido de forma muito diferente pelas pessoas.

Mas quando o assunto é fedor, cães superam os bodes. Nossa cadela Maxi adorava rolar sobre fezes de raposa, que têm um odor bastante pungente. Também rolava em bosta fresca de vaca. Por muito tempo, as pessoas presumiram que os cães faziam isso para mascarar o próprio odor, pois em tese, fazendo isso, teriam mais chances na caça – ou pelo menos seus ancestrais selvagens teriam. Hoje, porém, acredita-se que os cães e até mesmo os lobos façam isso para transmitir mensagens ou mesmo para se destacar na matilha. E claramente eles não se incomodam com o cheiro de carniça ou de fezes de herbívoros.[64] Isso lembra a relação que nós, humanos, temos com perfumes.

Mas se seu cão rola nas fezes de outros animais, ou mesmo as come, é preciso tomar cuidado. As fezes da raposa, por exemplo, podem conter ovos de tênia. Os ovos são do tamanho de grãos de areia, e, após o banho de fezes, é provável que acabem parando no pelo do animal (e muito provavelmente na sala de estar também). Dessa forma, você assume o lugar que deveria ser do rato, em quem os ovos a princípio parariam. No caso do roedor, as larvas, então, se instalam nos órgãos e deixam o hospedeiro doente, tornando-o mais lento. As raposas comem os ratos menos velozes (suas presas preferenciais), e assim o círculo se completa. Mas não é isso que acontece quando o humano funciona como hospedeiro intermediário. Nós acabamos tendo uma infecção que, dependendo do estágio, pode ser bastante difícil de curar. Se seu cão chegar em casa coberto de fezes de outro animal, o ideal é dar um banho longo e completo nele.

Apesar de terem um sistema de classificação de odores diferente do nosso, os animais sabem não só o que tem um cheiro bom, mas também o que fede. Isso se aplica sobretudo aos próprios excrementos. Os herbívoros evitam pastar onde fazem as próprias necessidades, pois quase todos os cervos, corças, bodes ou bois têm vermes, e muitos sobreviventes desses parasitas (por exemplo, os vermes-do-pulmão) são encontrados nas fezes. Cada grama de fezes pode conter mais de 550 mil ovos, que são ingeridos quando um animal pasta perto de onde defeca. Como a infestação maciça enfraquece o corpo do hospedeiro, os herbívoros com vermes são mais propensos a se tornarem presas de linces e lobos. Portanto, existe uma lógica em considerar o próprio excremento algo repugnante, do qual é preciso manter distância.[65]

Acredito que, para a maioria dos animais, as próprias fezes fedem de forma tão repugnante quanto as humanas para nós. Muitos animais de estimação nos dão um bom indício disso. No pasto, nossas éguas procuram um "lugar sossegado", ao qual vão apenas para defecar. Na natureza, o cavalo pode andar livre, por isso é improvável que coma várias vezes no mesmo lugar. Assim, quando nós, seres humanos, impedimos que o cavalo se desloque à vontade, ele simplesmente reserva áreas do pasto apenas para esse propósito. Até Blacky, Hazel, Emma e Oskar, nossos coelhos, escolhem uma parte da gaiola e a fazem de banheiro. Só não funciona assim na criação de animais em massa; galinhas ou porcos têm até mesmo que se deitar nas próprias fezes. A única forma de evitar uma infestação generalizada de vermes é medicando os animais com regularidade. Pena que os remédios não acabem também com o fedor.

Muitos animais ficam tão envergonhados quanto nós ao defecar. Quando Crusty, o buldogue francês macho, estava na guia, tentava se afastar de nós e se escondia nos arbustos para fazer suas necessidades. Além disso, virava as costas para nós, portanto não nos via; com certeza estava envergonhado de ser visto de cócoras. Além do cheiro, a limpeza é igualmente importante para todos os animais. Assim como nós, eles se sentem muito desconfortáveis quando as fezes ou outras imundícies grudam neles. Talvez a reação de seus semelhantes amplifique esse mal-estar. Um animal com o traseiro sujo sinaliza que pode estar doente, com diarreia. Outros animais não vão querer ser infectados, muito menos acasalar, com esse parceiro.

Os animais tomam o cuidado de estarem sempre limpos, mas o termo "limpo" tem significados diferentes para eles. Por exemplo: no verão, os javalis gostam de se refrescar em poças de lama. Grunhindo e abanando a cauda, eles se esfregam, mexem e remexem, deitam-se e chafurdam. No fim, estão cobertos por uma camada de lama, mas não se sentem sujos. E por que se sentiriam? Para eles, o banho de lama é como um tratamento num spa caro, do qual eles saem se sentindo limpos e joviais. E existe um motivo: quando a crosta de lama resseca, captura muitos parasitas, como pulgas e carrapatos. Os javalis, então, esfregam essa crosta em árvores específicas para demarcar o território. Ao longo dos anos, cada javali usa sempre os mesmos tocos ou árvores, que com o tempo ficam lisos de tanto serem esfregados. Os animais removem não só todos os parasitas, como também os pelos velhos, que podem causar coceira. Nossas éguas também gostam de rolar no chão, em especial quando trocam o pelo. Dependendo das condições do tempo, também tomam um banho – mas só de lama, não de fezes.

28. Conforto

Assim como em muitas outras partes do mundo, a paisagem da Europa Central é uma colcha de retalhos, pelo menos para os animais selvagens. Não existem mais áreas extensas que não tenham sido recortadas por vilarejos ou estradas, e mesmo que você queira se perder numa floresta não vai conseguir. Os ecossistemas mais naturais que ainda temos, as florestas, não são mais o que eram antes. Na Alemanha, hoje em dia existem cerca de 12 quilômetros de estradas florestais por quilômetro quadrado, para que os veículos de transporte de madeira possam chegar às áreas mais remotas. Se você quiser fazer uma caminhada pela floresta, é muito provável que não consiga andar nem 100 metros sem encontrar uma estrada florestal.

Para a natureza, essas estradas são bastante prejudiciais. O solo que antes era fofo fica compactado, e os animais minúsculos que viviam nas profundezas foram sufocados. Além disso, as estradas podem agir como barragens, bloqueando o fluxo da água, e essa interferência não deve ser subestimada. Inúmeras correntes de água que fluem no subsolo são represadas ou desviadas pelo solo compactado. Assim, grandes partes de floresta se transformaram em pântanos, e as árvores dessas áreas morrem de fome com suas raízes sufocadas no charco. As estradas florestais também representam grandes obstáculos para os besouros rasteiros, que perderam a capacidade de voar há muito tempo, por isso se tornaram fotofóbicos com o passar do tempo e não ousam sair da escuridão entre as árvores para cruzar as estradas iluminadas pelo sol. Assim, ficam confinados a uma pequena área cercada por estradas e não fazem mais trocas genéticas com os vizinhos.

Mas essas estradas não são necessariamente desvantajosas para todos os animais. Cervos, corças ou javalis são como os humanos: evitam obstáculos. Eles até evitam caminhar na grama ou na mata molhada com tempo chuvoso, e preferem as pistas niveladas que construímos; para eles, são como rotas criadas por humanos especificamente para facilitar sua locomoção. Nelas, os cervos transitam de forma muito mais confortável, como se pode comprovar pelas inúmeras marcas de pata nos trechos de superfície fofa. Quando os humanos não ajudam, os animais *criam* esses caminhos no meio da floresta, mas nesse caso são bem mais estreitos, medindo apenas a largura de um animal.

Os animais não planejam as trilhas que vão criar. O que acontece é que, em algum momento, o líder de uma manada de javalis encontra um caminho confortável através da vegetação rasteira. Os outros o seguem, pisoteando o mato. Na vez seguinte, a trilha já está um pouco visível, e é um pouco mais fácil andar por ela. Com o uso contínuo, a vegetação é toda esmagada e surge uma faixa estreita de terra nua. Com o passar do tempo, o conhecimento da trilha vai sendo passado de geração para geração – a menos que os humanos acabem com ela.

Quando comecei a administrar a floresta em que trabalho, mandei construir uma cerca em volta de uma plantação de carvalhos. Havia muitos cervos na região, e eles ficariam loucos para comer os brotos das mudas, por isso tive que protegê-las. Tempos depois, descobri que a cerca havia interrompido uma antiga e longa trilha de cervos, e a mudança os forçou a procurar novas rotas. Isso aumentou o número de acidentes com veículos em estradas, pois os cervos apareciam em lugares inesperados. Depois de um tempo, a cerca foi removida e os animais voltaram aos caminhos de antes.

Aliás, os seres humanos formam trilhas da mesma forma que os animais. Pude observar isso na parte da floresta que administro designada para enterros de pessoas – nosso "local de descanso florestal final". Ali, as faias antigas são arrendadas como lápides vivas, e ocorrem os funerais e enterros de urnas de cinzas. A existência do cemitério evita que a floresta milenar seja desmatada por completo. Para manter a mata o mais original possível, o serviço florestal não fez estradas e trilhas. Mesmo assim, surgiram algumas, criadas pelas pegadas em locais onde é fácil passar por entre as árvores.

A chuva ajuda a formar as trilhas. Quando ela cai sobre a floresta, as folhas das faias jovens retêm a água, que continua pingando muito tempo depois de a chuva parar. Nessas condições, ninguém quer se enfiar no meio da mata, pois a roupa ficaria encharcada em questão de segundos. Por isso, as pessoas procuram caminhos razoavelmente secos pelos quais possam passar, e as que aparecem depois fazem a mesma coisa, seguindo os leves rastros de uma trilha. Não vejo problema, porque isso significa que a circulação dos visitantes se concentra apenas em pequenas partes do solo da floresta.

Mas as trilhas florestais também têm desvantagens. Com o "tráfego" intenso, elas atraem visitantes indesejados. Mais do que os predadores que espreitam a área para jantar os descuidados, um pequeno tipo de aracnídeo vive sempre à espera de uma refeição: os carrapatos, que pertencem à família dos ácaros e se alimentam de sangue. Como se locomove muito devagar, ele precisa esperar suas vítimas se aproximarem. E onde é melhor esperar do que em caminhos muito percorridos? Os carrapatos grudam em caules de grama, galhos ou folhas ao alcance do dorso de cervos ou javalis. Em suas patas dianteiras, há órgãos olfativos que podem ser usados para identificar o odor da respiração ou do suor dos mamíferos, mas eles também ficam atentos às vibrações provocadas pelos passos que se aproximam. Quando o mamífero chega perto, o carrapato estende as patas dianteiras e pega uma carona. Em seguida, rasteja até uma dobra de pele quente e macia e começa a se alimentar. Portanto, se você vai passear pela floresta no verão, é melhor evitar trilhas naturais criadas pelos animais. No inverno isso não costuma ser um problema, pois o carrapato não se alimenta em temperaturas baixas.

Além dos carrapatos, existem outros passageiros clandestinos ao longo das trilhas de cervos, só esperando que alguém os leve dali. Certas espécies de planta, por exemplo, também pegam carona – mais especificamente para seus descendentes. O fruto minúsculo da planta *Galium aparine,* por exemplo, conta com pequenas farpas. Quando um animal roça na planta, acaba levando uma porção de sementes, que cairão mais à frente pelo caminho. Pesquisadores provaram que plantas como essa são encontradas em especial ao longo de trilhas percorridas por cervos.

Mas, voltando a falar da chuva, talvez você já tenha passeado por uma floresta depois de uma e ficado com a calça toda molhada. É desagradável, não? Por que seria diferente com os animais? Eles sentem frio quando o pelo está molhado, por isso preferem andar pelos caminhos confortáveis. E esses caminhos têm outra vantagem: velocidade. Quando um bando de cervos ou javalis ouve estalos na mata e um inimigo se prepara para atacar e comer um filhote, todos fogem o mais rápido possível. E, considerando que o chão do interior da floresta tem galhos grossos e árvores mortas espalhadas por toda parte, dificultando a fuga, é melhor correr por um caminho livre.

29. Sobrevivendo ao mau tempo

Quem entraria por vontade própria numa floresta durante uma tempestade? Os raios que atingem as árvores podem matar uma pessoa, e a chuva forte e gelada também não proporciona uma experiência nada agradável. Durante muitos anos, ofereci treinamento de sobrevivência na floresta que administro. Os participantes passavam um fim de semana na floresta equipados apenas com um saco de dormir, uma xícara e uma faca. Durante o treinamento, dormíamos na floresta e, acima de tudo, procurávamos comida. Certa vez, durante uma dessas buscas, fomos surpreendidos por uma tempestade violenta que precisaríamos esperar passar. Não dava para fugir dela, por isso ficamos esperando enquanto ela desabava sobre nós. Além da umidade, os raios que caíam nas proximidades eram perigosos.

Fingi que estava tranquilo para não deixar os participantes ainda mais preocupados, mas, por dentro, o pânico tomou conta de mim quando um raio potente caiu a uns 100 metros de nós. Depois de uma tempestade, mesmo quando você não é atingido diretamente por um raio, a área ao redor da árvore atingida também fica perigosa. Certa vez, um raio matou não só uma árvore, que ficou com o tronco aberto no meio, como também mais de dez outras nas imediações. Num caso mais extremo, testemunhei uma espécie de lançamento de facas. O raio descarregou tanta tensão num abeto que a madeira se estilhaçou em muitos pedaços, que cortaram o ar de forma tão violenta que encontrei muitas dessas "lâminas de madeira" cravadas no tronco de uma árvore próxima.

Naquele dia de treino de sobrevivência, depois da tempestade felizmente fomos recompensados com uma bela observação de animais. A chuva parou, um clarão se abriu nas nuvens e o sol brilhou, quente e radiante. A vegetação começou a evaporar água, e de repente, numa pequena clareira, surgiu um cervo, que estava todo encharcado e buscava o calor para se secar. Estávamos na mesma situação, e senti uma afinidade imediata.

Como é *ser* um animal selvagem, afinal? Eles precisam suportar vento e mau tempo o ano todo, e sobretudo no inverno deve ser muito desagradável, certo? Vamos olhar mais de perto. Primeiro, o pelo dos animais repele muito mais umidade do que se pensa, graças à camada de óleo que nós, seres humanos, estamos sempre tirando do cabelo com xampu. Além disso, o pelo do dorso cresce apontando para o chão, conduzindo a água para baixo como uma espécie de telhado. Cervos, corças e javalis permanecem com a pele seca e não sentem a umidade, a não ser que um desagradável vento forte sopre a chuva lateralmente e faça a água passar por entre os pelos. Os animais mais velhos sabem disso e, nessas condições climáticas, se escondem do vento. Além disso, ficam com a parte traseira apontada para o vento, protegendo o rosto, que é mais sensível. A única situação em que eles sentem dificuldade é quando neva e a temperatura fica próxima de 0 °C, pois os flocos derretem e abrem caminho entre os pelos, fazendo os animais tremerem de frio. Eles se sentem muito melhor no frio extremo, pois a pelagem de inverno se eriça e isola a pele tão bem que a neve recém-caída pode permanecer ali por horas sem derreter.

De certa forma, o ser humano também se sente assim. Em geral, preferimos um dia frio, mas de céu limpo, a um dia morno mas chuvoso e com vento, certo? Com os animais é parecido; a diferença é que eles costumam suportar temperaturas mais baixas do que as que nós conseguimos tolerar. Mas nem isso é uma verdade universal, como ilustra outro treinamento de sobrevivência que realizei anos atrás. Era inverno, e naquele fim de semana em particular o tempo estava horrível. A temperatura girava em torno de 0 °C, e chuva e neve se alternavam a cada hora. A lenha estava tão úmida que ficava difícil manter a fogueira acesa, e eu imaginei que os participantes desistiriam logo. Mas, após passar uma noite em sacos de dormir úmidos e gelados, parece que os corpos se adaptaram tão bem que ninguém mais passou frio. Ao que tudo indica, havíamos chegado ao nível de bem-estar dos animais selvagens.

No verão, além do calor, há outra razão para os animais saírem de baixo da copa densa das árvores depois de um aguaceiro e procurarem uma pequena clareira. Acontece que depois da chuva a água retida continua gotejando das folhas das faias e dos carvalhos; aqui onde moro existe até um dito popular que diz: "Nas florestas de árvores frondosas sempre chove duas vezes." Mas a água dessa "segunda chuva" não é o único problema dos cervos e corças: as gotas também fazem barulho ao cair, e esse ruído impede que os animais ouçam a aproximação dos predadores, que aproveitam esse clima para caçar. Portanto, assim que a chuva passa, eles preferem ficar em uma clareira para escutar com atenção o que acontece ao seu redor e garantir que está tudo bem.

A situação dos mamíferos de pequeno porte, como certos ratos silvestres, é ainda pior. Às vezes, quando atravesso o pasto das nossas éguas durante uma chuva de inverno, vejo água jorrando das tocas. Como os pequenos roedores sobrevivem nessas condições? Para eles, o pelo úmido é muito mais perigoso do que para os animais de grande porte, pois, proporcionalmente ao seu peso, o corpo deles perde muito mais calor, e, além de tudo, em comparação eles têm uma necessidade calórica enorme: por dia, precisam ingerir uma quantidade de comida correspondente ao seu peso corporal. Quando se molham, necessitam de muito mais energia e, como não hibernam, são obrigados a encontrar comida todos os dias. Pelo menos eles adoram comer raízes de gramíneas e outros vegetais, portanto não precisam se aventurar no vento gelado e podem se alimentar dentro de seus túneis subterrâneos.

E o que acontece quando a água invade os túneis? Esses inteligentes animais contam com um plano de arquitetura especial para lidar com esse problema. Antes de tudo, a entrada do túnel é como uma rampa em descida. Em caso de perigo, o animal pode escorregar para dentro da terra se tiver que fugir depressa. As galerias levam primeiro para o fundo, muito mais fundo do que o necessário. Depois de um pequeno trecho, elas voltam a subir e levam a pequenas câmaras confortavelmente acolchoadas com grama macia. Se chover a ponto de a água invadir a toca, ela se acumulará nas partes mais baixas das passagens, enquanto os moradores ficarão numa parte mais alta e seca. Como as tocas estão conectadas por uma infinidade de túneis, os animais podem escapar se a água atingir seus ninhos. Mas o plano nem sempre funciona. Quando chove muito forte, sobretudo no inverno, a água alcança pelo menos alguns ratos, que têm uma morte horrível, afogados nas próprias câmaras subterrâneas.

30. Dor

Era uma noite fria de fevereiro quando Bärli, nossa cabra, entrou em trabalho de parto. Ela estava inquieta, se deitava a todo momento e o leite já escorria do úbere. Minha esposa ficou preocupada. "Está demorando demais", comentou. "Não é melhor chamar o veterinário, só por garantia?" Eu a acalmei. "Bärli consegue fazer isso sozinha, talvez só precise descansar um pouco. Ela é forte e saudável. Não quero interferir sem necessidade nessa situação."

Teria sido melhor dar ouvidos a Miriam e seu sexto sentido. Na manhã seguinte, os cabritinhos ainda não tinham nascido, e Bärli nitidamente sentia dores. Ela rangia os dentes e não queria comer nem se levantar. Eram sinais bastante alarmantes, por isso não perdemos mais tempo e decidimos chamar às pressas o veterinário que já conhecia as cabras. "Ele está de férias", avisou a veterinária que o estava substituindo, mas ela própria se prontificou a ajudar, pegou o carro e chegou logo à nossa cabana florestal. Por fim, diagnosticou que o cabrito, que infelizmente já havia morrido no útero, estava na posição invertida. Em seguida retirou o filhote com cuidado e medicou Bärli para fazê-la expelir a placenta.

Bärli se recuperou rápido, e até lhe arranjamos um filhote adotivo. Uma fazenda de cabras nas redondezas tinha um cabrito de uma prole de quatro para doar. A mãe não consegue alimentar os quatro filhotes. Ela só tem duas tetas e pouco leite para tantas bocas. O dono ficou feliz em encontrar um bom lar para um dos irmãos. Nós esfregamos o muco do cabrito morto no novo membro da família (nosso futuro garanhão Vito). Pode soar nojento, mas, para Bärli, o cabritinho tinha o cheiro igual ao de sua cria, e ela imediatamente começou a lhe dar de mamar. Tanto a mãe quanto o filho ficaram bem, então houve um final feliz pelo menos para os dois.

Mas vamos voltar à dor. Dor? Evidências como a do peixe no capítulo "Capacidade de sentir" ainda são consideradas controversas. Poderíamos, então, passar ao nível neurológico e citar todos os tipos de argumento explicando por que impulsos e sequências de sinais, ondas cerebrais e hormônios semelhantes aos nossos sugerem que os sentimentos são parecidos. Mas será que não existe um jeito muito mais fácil? Bärli mostrou todas as reações que nós, humanos, apresentamos ao sentir dor: ranger os dentes (algo que as cabras não costumam fazer), perder o apetite, deitar-se, demonstrar apatia.

Nós vimos outras evidências em nosso contato diário com galinhas, cabras e éguas. Mantemos todos esses animais em cercas elétricas adaptadas ao tipo de animal, para que fiquem sempre dentro dos lugares demarcados para cada espécie. Sei que parece cruel usar cercas elétricas, mas é a solução mais prática. O arame farpado pode causar ferimentos e uma cerca de madeira não seria um obstáculo eficiente o bastante – pelo menos para as cabras, e com o tempo as éguas roeriam as estacas e tábuas. De vez em quando, eu sinto na pele como funciona a cerca elétrica: quando saio de manhã para ver as éguas e liberar um novo pedaço de pasto para elas, às vezes estou com a cabeça nas nuvens e me esqueço de desligar a energia da cerca antes. Quando isso acontece levo um choque violento que me arranca dos meus devaneios, e fico com raiva de mim mesmo. Nos dias seguintes, procuro me certificar várias vezes para ter certeza de que a cerca está de fato desligada.

É exatamente assim que a cerca afeta os animais. Eles sentem uma ou duas vezes como é desagradável tocá-la e a partir de então a evitam. Uma cerca elétrica, portanto, funciona porque causa uma dor inicial e, depois, pela mera lembrança do sofrimento. Exatamente como aconteceu comigo. Por isso tenho certeza de que nossos animais sentem o choque elétrico exatamente como eu. E não apenas os domésticos. No caso das galinhas, a rede elétrica tem a função principal de manter as raposas afastadas, e nesse sentido ela funciona muito bem. Agricultores cercam seus milharais com fios eletrificados para manter os javalis selvagens longe, e os donos de animais domésticos que não querem ter cercas visíveis podem apenas enterrar os cabos. Assim, se o cão ou gato cruzar a fronteira invisível, receberá um choque de uma coleira especial. Cada um avalia se isso é certo ou não, mas o fato é que todos esses seres – inclusive eu – sentem dor e, por instinto, reagem da mesma forma.

31. Medo

Um homem ou animal que não conhece o medo não sobrevive, pois esse sentimento nos impede de cometer erros fatais. Talvez você já tenha experimentado aquela sensação desconfortável de estar num lugar alto – por exemplo, numa plataforma de observação ou na Torre Eiffel. Eu começo a tremer e fico querendo descer o mais rápido possível. Em termos evolutivos, esse comportamento faz todo o sentido, uma vez que esse instinto inato impediu nossos ancestrais de cair do alto de penhascos.

Mas os javalis nos mostram que os animais não só conhecem o sentimento agudo do medo ou de ameaça, como também são capazes de processá-lo em sã consciência e usá-lo para planejar ações a longo prazo. Para isso, vamos fazer uma visitinha à Suíça, mais especificamente ao cantão de Genebra, cidade em que, em 1974, um referendo popular decidiu pela proibição da caça. Os caçadores são os maiores inimigos dos javalis. E, como os caçadores pertencem à espécie *Homo sapiens*, os animais caçados têm medo de todos os seres humanos. É por isso que eles passam o dia em florestas densas e matagais, longe da vista dos perigosos bípedes, e só à noite se aventuram a ir aos pastos e campos abertos.

Quando a caça foi proibida em Genebra, porém, o comportamento dos cervos, corças e javalis mudou. Eles perderam o medo e hoje podem ser observados durante o dia. Mas não foi só em

Genebra que os javalis mudaram o comportamento. Acontece que nas redondezas, inclusive na vizinha França, a caça continua permitida. E, assim que começa a temporada – sobretudo no outono, quando grupos de caçadores usam cães farejadores para ajudá-los –, os animais dessas regiões se transformam em exímios nadadores. Quando se ouvem os berrantes anunciando o início da temporada de caça e os tiros de espingardas começam a ressoar pelo campo, muitos javalis deixam a margem francesa e atravessam o rio Ródano a nado até o cantão de Genebra. Ali eles estão seguros e podem fazer careta para os caçadores franceses na outra margem.

Os javalis nadadores comprovam três fatos: primeiro, eles reconhecem o perigo e se lembram da caçada do último ano, na qual membros da família foram mortos ou gravemente feridos. Segundo, eles devem sentir medo, pois abandonam a área onde se sentiram à vontade no verão. Terceiro, eles devem lembrar que o cantão de Genebra é seguro. Durante o longo período de mais de quatro décadas, surgiu uma tradição que foi passada de geração em geração de javalis: em caso de perigo, nadar para a segurança do outro lado do rio. Na década de 1970, os tataravôs desses bravos onívoros descobriram isso por tentativa e erro. É claro que eles têm um senso de autopreservação bastante desenvolvido.

Como já vimos pelo exemplo da cerca elétrica, os animais também podem sentir medo de uma lembrança. Assim como acontece com os seres humanos, certos cheiros, canções ou imagens podem trazer à tona lembranças de experiências ameaçadoras também para os cães, por exemplo. Quem tem um cachorro já deve ter tido a mesma experiência que nós. Nossa cadela Maxi amava a vida e adorava passear; só não gostava quando era levada ao veterinário. Lá, sofria com injeções, a repugnante remoção de tártaro e o desagradável escrutínio das glândulas anais.

Não admira que Maxi ficasse tremendo na mesa de exames toda vez que passava por qualquer tipo de procedimento. Mas não era só isso. Já na ida ao veterinário, ela sentia o cheiro característico do caminho que fazíamos para o consultório, que entrava pela ventilação do carro. Ela começava a tremer de medo quando chegávamos ao estacionamento. Em sua cabeça devia passar um filme que antecipava o sofrimento. Portanto, pode-se afirmar que os animais são capazes de sentir medo. Mas as reações da nossa cadela também mostram outra coisa: considerando que às vezes se passava mais de um ano entre uma visita e outra, fica claro que os cães, e outras espécies, podem se lembrar de algo por muito tempo (da mesma forma que nossas cabras em relação à cerca elétrica).

Por mais desagradável que pareça (e seja) a situação, a maioria dos animais selvagens é como Maxi. Assim que nos avistam, sentem medo, sobretudo quando nos aproximamos muito. Seria interessante saber quais reações despertamos, além do medo. Eles nos diferenciam dos outros animais? Fazem alguma ideia de que montamos computadores, dirigimos carros e, portanto, somos mentalmente superiores a eles, pelo menos em alguns aspectos? Pense nessa questão segundo o nosso ponto de vista. Com exceção dos animais de estimação, nenhuma espécie tem qualquer significado especial para nós – nenhuma se destaca das outras. Portanto, será que, para um cervo, faz diferença se ele está diante de um humano, um gavião ou um porco-espinho? Em princípio, sim, e talvez você possa entender isso se pensar como foi seu último passeio por uma floresta. Talvez você se lembre de ter visto alguma espécie rara, bastante grande ou colorida, mas será que se lembra de todos os pássaros ou é capaz de descrever cada mosca? Claro que não, pois é normal que nosso ambiente seja cheio de criaturas vivas, tanto que não percebemos mais os detalhes de todos os seres vivos voando e rastejando ao nosso redor.

É difícil saber ao certo como as outras espécies veem o mundo, pois não conseguimos nos colocar plenamente no lugar delas. Assim, a maneira mais simples de tentar fazer isso é estudar as reações dos animais quando entramos em cena. O importante, nesse caso, é saber se desempenhamos um papel importante no cotidiano deles. Por um lado, no caso da caça ou da utilização dos animais, por exemplo, podemos exercer um impacto negativo, por causa da dor que provocamos ou mesmo das mortes que causamos; por outro, o impacto pode ser positivo, como quando cuidamos deles e os alimentamos. Acho muito interessante observarmos animais que não são influenciados por nós, isto é, aqueles que não prejudicamos nem protegemos. Em geral, nesses casos somos solenemente ignorados. Um exemplo drástico na África assombrou a internet em 2015. Uma edição on-line do jornal britânico *Daily Mail* exibiu fotos do Parque Nacional Krüger, na África do Sul. Ali, no meio de uma estrada movimentada e rodeados de carros, alguns leões devoravam um antílope. O que mais surpreendeu e chocou os motoristas foi que os predadores não deram a mínima para o cenário à sua volta: arbustos, pedras ou pessoas dentro dos seus automóveis – para os leões, foi como se mais nada existisse.[66]

Existem exemplos menos traumatizantes, como os safáris fotográficos nos parques nacionais africanos, onde é possível estacionar a poucos metros de zebras, chacais ou antílopes. Seja nas Ilhas Galápagos, na costa da Antártida, nas marinas da Califórnia ou na região de Yellowstone, no mundo inteiro é possível encontrar animais que permitem que nos aproximemos e não ficam desconfiados. Mas por que não é assim onde moro, na Europa Central? Afinal, nós temos uma das maiores densidades populacionais de mamíferos do mundo. Aqui vivem cerca de 50 cervos, corças e javalis por quilômetro quadrado de floresta. E embora, em tese, esses animais devessem ser vistos 24 horas por dia, em geral só são encontrados à noite. A razão já é conhecida: na Europa Central, eles são caçados em qualquer lugar.

Os humanos são animais visuais, e se utilizam dessa característica para caçar. Nossas presas, portanto, devem fazer de tudo para desaparecer do nosso campo de visão. Se caçássemos pelo olfato, talvez, com o passar das gerações, os animais fossem perdendo o odor; se caçássemos pela audição, provavelmente se tornariam o mais silenciosos possível. Assim, em geral eles procuram desaparecer, e o fator chave para isso é o momento do dia. Como não enxergamos quase nada no escuro, nossas presas se transformam em animais notívagos.

Costumamos pensar que cervos, corças e javalis são animais noturnos por natureza, mas a verdade é que não são. Eles precisam se alimentar em intervalos regulares ao longo do dia. Em vez de passar o dia nos campos abertos ou nas fronteiras da floresta, como seria seu comportamento natural, de dia eles buscam alimentos em arbustos fora do alcance visual do ser humano ou nas profundezas da floresta. Só ousam sair de novo dos esconderijos quando o sol começa a se pôr, e as pessoas não enxergam bem. Os únicos que se aventuram fora da floresta ainda na claridade e andam por áreas onde há caçadores escondidos são os indivíduos mais jovens que realmente estão com fome ou são descuidados. Em geral, o caçador se esconde numa "torre de caça", uma construção elevada de madeira de onde tem uma visão panorâmica das redondezas. Já os cervos e as corças enxergam a torre de caça como uma armadilha letal onde seus maiores inimigos se escondem e os matam com o estrondo de um tiro e a fumaça. E não sou só eu que penso assim. Colegas e caçadores concordam comigo quando digo que os animais selvagens acumulam experiência.

Uma manada de cervos vivencia o abate de um membro da seguinte maneira: primeiro eles escutam um forte estrondo e, de repente, o cheiro de sangue se espalha pelo ar. Muitas vezes, o tiro não é certeiro, e o animal atingido corre em fuga por pelo menos alguns metros antes de cair se debatendo em pânico. Essa cena, associada ao cheiro dos hormônios do estresse, fica profundamente marcada na consciência do bando. Em seguida, a torre de caça começa a ranger e estalar, pois o caçador está descendo e quer recolher o animal abatido. Nesse momento, os inteligentes animais fazem a associação correta. A partir de então, antes de entrar na clareira, eles olham desconfiados na direção da torre de tiro para ver se há alguém sentado lá em cima.

Claro que eles poderiam simplesmente manter distância dessas torres, porém muitas vezes elas são construídas em lugares onde há alimentos deliciosos. E mesmo quando não são encontrados ali naturalmente, o caçador semeia a área para atrair os animais. Quando a fome vence, eles entram cedo demais na clareira e surgem no campo de visão dos caçadores. Se o medo prevalece, eles só aparecem quando o céu está completamente escuro, e os caçadores vão embora de mãos vazias.

Os engenheiros florestais do Parque Nacional de Eifel pesquisaram o nível de sensibilidade dos cervos aos seus arredores. Um silvicultor que caça na região e um engenheiro florestal que trabalha na área tinham carros iguais. Assim que o veículo do caçador aparecia, os animais de pronto começavam a recuar, mas ficavam calmos quando era o engenheiro florestal que vinha pela estrada. Mas não só o cervo é capaz de distinguir as pessoas perigosas das inofensivas. Nossos animais de estimação também confiam nos próprios instintos. O que os caçadores representam para os cervos e outros animais selvagens é o que o veterinário representa para os cães e gatos (como mostra o exemplo de Maxi).

Não admira, portanto, que diversas espécies selvagens consigam identificar quem está andando pela floresta. Veja o caso do gaio: enquanto quase todos os animais consideram apenas as crianças humanas inofensivas, os gaios raramente recuam até mesmo quando avistam adultos. Isto é, até que um caçador se aproxime. Quando isso acontece, um alarme é disparado, e todo o mundo animal é alertado pelos chamados estridentes que se espalham pela floresta. É por isso que muitos caçadores ainda alvejam esses pássaros coloridos, o que é uma pena, pois eles têm um papel imprescindível para a floresta, espalhando as sementes de árvores.

A presença dos seres humanos causa estresse nos animais selvagens de caça. Quando há pessoas no entorno, eles gastam 30% do dia checando a área para ver se estão em segurança, em vez dos 5% usuais.[67] Isso vale pelo menos no caso de pessoas que os animais têm dificuldade em reconhecer. Andarilhos, ciclistas ou cavaleiros que passeiam pelas trilhas da floresta são fáceis de avaliar: eles fazem barulho e utilizam os trajetos demarcados. Para os animais selvagens, enquanto essas pessoas não saem da trilha significa que estão apenas se locomovendo de um ponto A para um ponto B. Nesse caso, os habitantes da floresta, que observam tudo de um esconderijo diurno seguro, não têm nada a temer.

Já os coletores de cogumelos, ciclistas de montanha, caçadores e silvicultores frequentemente saem da trilha e entram nas áreas de mata. E como a maioria dessas pessoas anda sozinha, o animal não consegue escutar nenhuma conversa que o ajude a descobrir o caminho que o intruso está percorrendo. O máximo que ele consegue ouvir é um galhinho estalando sob as solas dos sapatos e talvez um pigarro. Quando isso acontece, os cervos e corças ficam inquietos e, por segurança, se afastam rápido.

Alguém pode dizer que sempre foi assim. Que diferença faz se quem está caçando é uma alcateia ou um ser humano? Bom, uma diferença significativa é o número de caçadores. Na Alemanha, em áreas com lobos há um caçador a cada 50 quilômetros quadrados. Nessa mesma área, há mais de 10 mil seres humanos vivendo normalmente. E o animal não sabe de antemão que nem todos estão armados. Portanto, por via das dúvidas, ele recua diante de qualquer possível predador e geralmente evita aparecer em pastos abertos à luz do dia. Ou seja, a vida para um animal que pode ser caçado dentro da legalidade é bastante difícil. Aqui, para cada presa potencial existem diversos caçadores potenciais (o natural seria o contrário). Essa é uma situação que não existe em nenhum outro lugar no reino animal. Portanto, não surpreende que o medo e a desconfiança estejam disseminados na floresta e nos campos.

Vamos ver mais espécies que são submetidas ao estresse da caça. Já mencionei cervos, corças e javalis. Outros mamíferos dessa lista são as camurças, os muflões (espécie de carneiro selvagem), as raposas, os texugos, as lebres, as martas e as doninhas. Também há várias espécies de aves, como as perdizes, as galinholas, as garças-reais-europeias, os cormorões e os corvos. Dificilmente conseguimos ver algum exemplar desse grande número de espécies. Imagine como seria o inverso: e se houvesse de 2 a 3 mil leões vivendo à solta a cada quilômetro quadrado da Europa Central? Essa é mais ou menos a proporção de pessoas caçando animais selvagens nessa região.

Mas agora vamos voltar ao ponto de vista dos animais. Esse é um cenário em que minha imaginação não consegue ir muito longe. Eu não ousaria sair de casa se perigos mortais se escondessem atrás de cada arbusto, de cada esquina. Se precisasse, sairia apenas à noite, com a certeza de que meus perseguidores estariam dormindo ou, pelo menos, não estariam caçando.

Um animal que já viu um membro da família sangrando até a morte, ou já sentiu o terror e o pânico percorrerem seu corpo, passa essa experiência adiante, ao longo de muitas gerações. Pesquisadores concluíram que essa transferência acontece sem que seja necessária alguma forma de comunicação, pois o medo é sentido não apenas no corpo, mas também até nos genes.[68] O Instituto Max Planck de Psiquiatria em Munique descobriu que, durante experiências traumáticas, certos componentes (os grupos metila) se incorporam aos genes, agindo como interruptores e alterando o funcionamento deles.[69] De acordo com as descobertas que os cientistas fizeram estudando o comportamento de camundongos, isso significa que o comportamento pode mudar por toda a vida. A pesquisa também presume que certos padrões comportamentais podem ser herdados através desses genes modificados. Em outras palavras: nosso código genético transmite não apenas traços físicos, mas também, em certa medida, experiências. E que experiência pode ser mais traumática do que sofrer ferimentos graves ou a morte de parentes próximos? A ideia de que grande parte do mundo animal ao nosso redor vive traumatizada não é nada agradável.

Felizmente, porém, a coexistência entre humanos e animais selvagens também tem um lado bom. Existe a esperança de que possamos conviver em paz até na Europa Central, como mostra a presença cada vez maior de animais selvagens nas cidades. Corre pelo reino animal a notícia de que foi criada uma espécie de área de proteção. De fato, as áreas construídas se localizam onde a caça é totalmente proibida. Assim, para os animais, a única diferença entre Berlim, Munique ou Hamburgo e os parques nacionais é que, nas cidades, há construções. Javalis que invadem os quintais das casas, reviram os canteiros de plantas e não se deixam mais expulsar (por que deixariam?); raposas que cavam suas tocas junto aos arbustos à margem das ruas; guaxinins que se instalam em garagens e sótãos: os animais selvagens estão se sentindo em casa em meio à civilização.

Se por um lado o asfalto e as intermináveis fileiras de prédios cinzentos simbolizam nossa distância da natureza, por outro os animais veem a cidade apenas como um habitat excepcionalmente rico em rochas, no qual todos os montes têm a forma de cubos ou retângulos. Cada vez mais as áreas urbanas vêm se revelando joias ecológicas. Berlim, por exemplo, tem uma das maiores populações de açores do mundo – cerca de uma centena de pares reprodutores.[70] Os pássaros fazem ninho nos parques urbanos, que usam como base para caçar coelhos e pombos. Eu mesmo já vi uma raposa perto do Portão de Brandemburgo, comendo tranquilamente uma salsicha que alguém tinha jogado fora.

Nem todo morador da cidade consegue lidar bem com essa proximidade da natureza. Certa vez, uma idosa me confessou que tinha medo de uma raposa aparecer na porta de seu quintal. Ela só consegue pensar em doenças como a raiva ou a tênia, estragando a expectativa de uma experiência linda de contato com a vida selvagem.

A verdade, porém, é que os animais selvagens da Europa Central representam pouco perigo. A raiva já foi erradicada há muitos anos, e são raros os casos de tênia em raposas, pelo menos na natureza. Já falei sobre a cadeia de infecção, que vai do rato até a raposa, e sobre o perigo das fezes da raposa. Mas se um cão, que não é selvagem, comer um rato infectado (por incrível que pareça, muitos cães caçam ratos), também expelirá milhares de ovos em suas fezes. Além disso, eles lambem o próprio traseiro em seguida, e com isso acabam espalhando pela casa os ovos de tênia, minúsculos como grãos de poeira. Portanto, se não for desparasitado com regularidade, o próprio cão doméstico torna-se mais perigoso do que a raposa.

Talvez nós exageremos os perigos do mundo selvagem porque, do contrário, não haveria mais nada a temer. Será que nossos instintos antigos apenas precisam ter algo "perigoso" aos quais reagir? Os javalis funcionam de forma um pouco diferente quando têm cria. Um amigo que mora no distrito de Dahlem, em Berlim, me contou que os animais não fogem de seu quintal nem quando ele bate palmas muito alto. O que mais o morador pode fazer?

O milhafre, uma grande ave de rapina, é outra espécie europeia que busca a proximidade do homem e chegou ao ponto de ter certas preferências em relação a suas companhias. No passado, essas aves eram caçadas e perseguidas, mas, desde que passaram a ser protegidas por lei, gostam de ficar perto dos humanos, sobretudo dos que possuem um trator. No verão, quando os campos são ceifados, elas se aproveitam do trabalho dos agricultores, pois as máquinas pesadas não apenas cortam grama, como matam inúmeros ratos e outros animais de pequeno porte. Para o milhafre, isso significa comida de graça. Em Hümmel, esses majestosos pássaros surgem assim que um trator aparece no campo e entra em atividade. Com uma envergadura de 1,60 metro, eles perseguem as máquinas, cortando o ar num voo rasante, sempre à procura de ratos esmagados ou filhotes de cervos triturados.

Embora sejam animais lindos, as martas não são tão bem--vindas. Como não podem ser caçadas em áreas edificadas e com a queda acentuada no número de armadilhas – que antigamente eram comuns na floresta e no campo –, elas perderam o medo de nós. Certa vez, nós criamos um animal órfão que se deixava acariciar e ronronava de um jeito muito parecido com o de um gato. No começo, recebia ração enlatada, mas, com o intuito de prepará-lo para uma vida em liberdade, passamos a alimentá-lo com ratos no café da manhã. Pouco tempo depois, o animal ficou tão selvagem que só podíamos segurá-lo com luvas. Por fim, abrimos a porta da gaiola, para que ele pudesse decidir por si mesmo quando ir embora. Depois de apenas três noites, a jaula estava vazia e não o vimos mais. Talvez hoje, com mais de dez anos, ele ainda passeie à noite pelo nosso terreno.

Não sei se fizemos uma boa ação ao cuidar da marta. Digo isso pelo seguinte: há dois carros estacionados em frente à cabana florestal, um jipe para trabalho na floresta e um automóvel para uso privado. Certo dia, vi um pedaço de mangueira no chão na frente do capô do jipe. Abri o capô e vi o estrago: uma marta havia destruído grande parte dos cabos e tubos. Precisamos levar o automóvel para o conserto.

Mas o que levou o animal a descarregar sua fúria no compartimento do motor? Por que às vezes a marta é tomada por essa fúria destrutiva? A propósito, existem duas espécies de marta na Europa Central: a *Martes martes*, que é a marta propriamente dita, e a *Martes foina*, a fuinha. A marta é um tímido habitante da floresta que gosta de dormir em cavidades de árvores e se desloca com habilidade pelos galhos das copas. Já a fuinha, espécie que causou o estrago no motor do jipe, não é muito ligada a árvores e também se sente em casa em outros ambientes, como rochas, cavernas ou até casas, que, em última instância, não passam de montanhas retangulares. Esses são os tipos de lugares em que a curiosa fuinha procura suas presas, e, ao fazer isso, examina tudo com os dentes afiados.

Os cabos partidos, tubos destruídos e mantas térmicas rasgadas no compartimento do motor são sinal não de curiosidade, mas de raiva incontida. E quando essas ferinhas sentem que há competição, ficam furiosas e perdem o controle. As fuinhas usam suas glândulas odoríferas para demarcar território, sinalizando a todos os outros animais do mesmo sexo que o lugar tem dono. No geral, a demarcação é respeitada. Como as fuinhas acham aconchegante ficar debaixo do capô, o animal que é dono da área costuma entrar nos carros estacionados. Às vezes, até guarda alimentos ali dentro; certa vez, encontramos uma pata de coelho em cima da bateria.

Em geral essas visitas são inofensivas, a menos que você deixe seu automóvel pernoitar em outros lugares. Aí a coisa complica. A fuinha da outra área vai se aproximar para investigar o objeto estranho e acabará deixando o próprio odor. Quando você estacionar o carro na vaga original, a primeira fuinha entrará no automóvel e ficará fora de si. Vai supor que outra fuinha violou as regras e usou sua toca sem ser convidada; uma verdadeira afronta. Furiosa, tentará eliminar as marcas e expulsar o rival da área. As mangueiras do carro são macias, o saco de pancadas ideal para a fuinha, que não vai mordê-las com delicadeza, como faz quando está examinando as coisas a seu redor. Elas serão brutalmente arrancadas.

Para descobrir a força da raiva desses animais é só ver a manta térmica no interior do capô. Às vezes são apenas arranhões, mas, no caso do nosso velho automóvel, ela estava toda esfarrapada. Para fazer isso, a fuinha deve ter se deitado de costas e arranhado tudo com selvageria, arrancando pedaços inteiros da manta com as garras afiadas. As chamadas "fuinhas de automóveis" não necessariamente adoram os carros – elas apenas detestam competição. Se o carro ficar sempre no mesmo lugar à noite, provavelmente não acontecerá nada.

Existem muitas formas de afastar os animais dos automóveis. Saquinhos com cabelo humano ou tabletes desodorizantes sanitários pendurados no compartimento do motor ajudam, mas apenas por alguns dias. Durante um tempo, polvilhamos pimenta sobre o motor, mas também não funcionou a longo prazo. O que deu bastante certo foi um dispositivo de choque. Colocamos placas eletrificadas nos acessos que a fuinha costumava usar para entrar no carro. Depois do primeiro choque, ela passou a evitá--los. Outra solução eficaz foi um aparelho ultrassônico equipado com um flash acionado por movimento. O problema é que, com o tempo, os animais param de escutar os dispositivos ultrassônicos que funcionam permanentemente, e além disso o som constante é prejudicial aos morcegos e a outras espécies. Portanto, eu não aconselharia seu uso.

E quanto aos nossos animais de estimação? Eles nos idolatram e ficam perto de nós por vontade própria? Ou será que é por medo? Se eles vivem dentro de um cercado, a resposta é óbvia – vacas, cavalos e até nossas cabras, a rigor, são prisioneiros, mesmo que talvez não se sintam assim. Podemos fazer uma analogia com a síndrome de Estocolmo. Frank Ochberg, o criminologista e psiquiatra americano que cunhou o termo, estava investigando a relação entre o sequestrador e as vítimas do assalto a um banco sueco ocorrido em 1973. Os reféns desenvolveram pelo sequestrador de 32 anos sentimentos parecidos com os que as crianças têm pela mãe e, ao mesmo tempo, sentiram ódio da polícia e das autoridades. Esse desenvolvimento paradoxal já foi observado em diversas situações similares e é considerado um reflexo psicológico de proteção que ajuda as vítimas a sobreviver à situação perigosa e, de alguma forma, reduzir os danos psicológicos .[71]

Se os animais são sensíveis (e acredito que sejam), então talvez também desenvolvam estratégias como essa. Quando mantidos em cativeiro, em geral não confiam em nós logo de cara; em vez disso, mantêm cautela e uma distância defensiva. Demora um tempo para que passem a nos receber com alegria quando nos avistam de longe. Parece cruel? A ideia da natureza não era que as cabras e os cavalos fossem mantidos prisioneiros dentro de uma cerca por toda a vida. Vamos encarar os fatos: se pudessem, esses animais fugiriam na primeira oportunidade. Portanto, se os animais de fato desenvolvem algum tipo de Síndrome de Estocolmo, talvez seja o melhor para eles, pois assim aceitam o próprio destino e não o consideram insuportável.

Quando estamos trabalhando no pasto, percebemos que nossas cabras e éguas gostam de ficar perto de nós. Claro que a recepção calorosa também pode estar ligada à alimentação – nesse caso, só somos bem recebidos porque fornecemos os alimentos. O caso dos cães e gatos é um pouco diferente, embora não no início. A relação começa com uma união forçada, com os animais sendo levados para casa e sendo obrigados a passar alguns dias sem sair ou passeando de coleira. Até que, em certo momento, eles se acostumam com os donos. Portanto, nem no caso dos animais domésticos a adaptação é voluntária por completo. Ao fim dessa fase de aclimatação, porém, eles recuperam a liberdade e podem fugir quando quiserem, mas não o fazem.

Os casos mais belos – e raros – são aqueles em que o animal doméstico abandonado é quem adota uma pessoa. Esse é um tipo de relacionamento em que ninguém é forçado a nada, e mostra que parcerias genuínas são possíveis. Aliás, esse tipo de relacionamento existe não apenas entre humanos e animais, mas também entre animais de diferentes espécies. Lobos e corvos são um exemplo, conforme me explicou Elli Radinger, uma pesquisadora de lobos. Segundo ela, os corvos gostam de viver junto com as alcateias, e os filhotes de lobos até brincam com os pássaros. Quando um grande inimigo se aproxima, como um urso-pardo, os corvos avisam aos lobos, que retribuem dividindo suas presas com os parceiros de penas.

32. Alta sociedade

No comovente romance *Em busca de Watership Down*, um grupo de coelhos que vive no interior da Inglaterra é forçado a se mudar de sua casa antiga e achar uma nova. Quando encontram um novo território, precisam lutar contra os coelhos locais para conquistar um espaço próprio. Nós criamos uma família de coelhos no quintal da nossa cabana florestal. Hazel, Emma, Blacky e Oskar moram num pequeno viveiro que tem uma parte coberta e outra ao ar livre. Podemos observar bem a vida social deles. Há brigas e disputas, mas na maior parte do tempo, há momentos de afeto. Os animais lambem o pelo uns dos outros ou, nos dias quentes de verão, se deitam à sombra lado a lado. Existe uma hierarquia, mas, como são apenas quatro animais, não conseguimos descobrir muito a respeito disso.

O Dr. Dietrich von Holst, professor da Universidade de Bayreuth, levou sua observação a outro nível. Ele montou um campo de testes de 22 mil metros quadrados para coelhos selvagens e os observou por 20 anos. O número de habitantes sempre oscilava. Por um lado, as doenças e os predadores matavam até 80% dos animais sexualmente maduros. Por outro, eles se multiplicavam "feito coelhos", de modo que a população alcançou cerca de 100 adultos. Mas o pesquisador notou que esses altos e baixos não afetaram todas as "classes sociais" da mesma forma. Os coelhos vivem de acordo com uma rígida hierarquia, que é diferente para cada sexo.

Cada um deles defende sua posição com unhas e dentes, e existe um bom motivo para isso: os animais dominantes têm mais sucesso na procriação. Embora o macho e a fêmea dominantes sejam mais agressivos, de modo geral sofrem menos estresse. Parece lógico, afinal os coelhos oprimidos estão sempre com medo do próximo ataque. Além disso, aqueles que alcançam o topo da hierarquia só têm picos do hormônio do estresse nos breves momentos em que atacam outros coelhos. Ou seja, não admira que o professor Von Holst tenha descoberto que os coelhos dominantes sejam menos estressados.

Também pode-se dizer que os coelhos que ocupam o topo da cadeia tiveram contatos sociais bastante intensos com o sexo oposto, o que também os ajudava a relaxar. A expectativa média de vida dos adultos era de dois anos e meio, com diferenças significativas na hierarquia. Enquanto os animais das castas mais baixas da cadeia hierárquica morriam semanas depois de atingirem a maturidade sexual, os coelhos da "alta sociedade" viviam até sete anos. E não porque comessem mais ou fossem menos atacados por predadores; na verdade, o fator decisivo foi o nível mais baixo de estresse. Uma vida com menos preocupações e, portanto, mais tranquila reduziu o risco de doença intestinal, a principal causa de morte entre os coelhos.[72]

33. Bem e mal

Nem sempre os animais têm índole melhor do que a do ser humano, pois em algumas situações eles podem ser muito agressivos, não só em relação a outras espécies, como também entre si. Basta olhar para o nosso quintal para comprovar. Dali até a estrada, há quatro colmeias, de onde as abelhas saem para voar pelas redondezas e coletar o néctar. É um trabalho exaustivo, afinal para um único grama de mel é preciso visitar de 4 a 5 mil flores.[73] Elas não carregam esse fardo por mim, o apicultor. Na verdade, o mel que fabricam a partir do pólen é usado como fonte de energia para sobreviverem ao inverno rigoroso. Se algo foge do planejado durante o verão e o suprimento de mel não é suficiente, elas procuram fontes mais fartas. Algumas vezes, porém, a salvação não são as flores coloridas das redondezas, mas uma oportunidade que se apresenta: uma colmeia mais fraca na vizinhança.

Abelhas que têm a função de observar o terreno testam a defesa da colmeia adversária, e, caso ela esteja enfraquecida pela ação de parasitas ou pesticidas, é dado o sinal de ataque. Ocorre um combate feroz na entrada da colmeia, mas os defensores só conseguem deter os invasores por pouco tempo. Em algum momento, o enxame invasor conquista a colmeia inimiga passando pelos últimos combatentes quase mortos. Em seguida, lança-se sobre os favos e arranca brutalmente as tampas de cera. Com uma velocidade incrível, as abelhas invasoras sugam o mel para o próprio estômago até ficarem abarrotadas e voam para casa, levando também a boa notícia de que agora não faltam provisões para os outros membros do enxame.

Ao redor da colmeia onde ocorre a batalha, é possível ouvir o zumbido alto dos milhares de asas das abelhas saqueadoras entrando e saindo. Quando não há mais nada a tirar, o silêncio se instala. Infelizmente, já presenciei essa cena no meu quintal e, quando levantei a tampa da colmeia derrotada, vi um cenário de devastação total. Restos de favos de mel destruídos e arrancados estavam espalhados pelo chão como migalhas de cera. Também havia algumas abelhas mortas caídas no meio de um cenário desolador – e só isso.

O problema é que as abelhas agressoras nunca estão satisfeitas. Elas aprenderam que a vida fica muito mais fácil quando você ataca e saqueia os vizinhos. Se surgir outra oportunidade, elas se lançarão sobre a próxima colmeia. Como apicultor, tudo o que se pode fazer é separar a briga e pôr as caixas a quilômetros de distância uma da outra, para dar às abelhas a chance de se acalmarem. Claro que, na natureza selvagem, isso não é possível, pois o jogo continua até que uma colmeia forte se depare com outra igualmente forte. Quando isso acontece, as duas se mantêm mutuamente em xeque.

A propósito, a abelha não é a única espécie que entra em pânico pouco antes do inverno. Os ursos-pardos, por exemplo, não podem armazenar alimentos para a hibernação, por isso comem tudo o que conseguem para ganhar uma boa camada de gordura. Se a comida estiver escassa no outono, ou se os animais forem mais velhos e não conseguirem acumular tanto, a situação ficará difícil para eles – e até para nós, humanos. Andreas Kieling, um cineasta alemão especializado na filmagem de animais, me contou a triste história de seu colega Timothy Treadwell, que se considerava um amigo dos ursos e não tomava qualquer medida de precaução perto deles. Certo dia, ele estava observando um velho urso-pardo macho no Parque Nacional Katmai, no Alasca. O animal não parecia estar gordo o suficiente para a estação fria, possivelmente porque já não era tão ágil para pescar salmões. Um animal nessas condições é considerado bem perigoso nos círculos profissionais. Como sempre, Treadwell não estava armado nem com spray de pimenta. O velho urso o atacou e o matou. Sua namorada, que assistiu a tudo de perto, em choque, começou a gritar. Quando uma presa grita de medo, aciona o instinto de caça no predador, e o urso acabou percebendo que havia mais alimento. E assim a mulher também foi vítima do animal faminto. Mais tarde, os dois foram encontrados enterrados perto da barraca que estavam usando. Os últimos minutos de vida do casal puderam ser reconstituídos com tantos detalhes porque existe uma gravação. A ideia original de Treadwell era filmar o velho urso, por isso ele deixou uma câmera ligada. A lente ainda estava tampada, mas a câmera captou os sons dos últimos momentos do casal.[74]

Voltando aos conflitos no mundo animal, só podemos falar que existem guerras, no mesmo sentido dos conflitos humanos, no caso de espécies que vivem em grandes grupos sociais. Na Europa Central, além das abelhas, essa é uma característica comum das vespas e formigas, que fazem ataques semelhantes aos das abelhas do meu quintal. Mas quando apenas indivíduos isolados partem para a briga com outros, consideramos que há uma luta, como ocorre entre muitos pássaros ou mamíferos machos.

Se os animais atacam uns aos outros, podemos considerá-los cruéis e insensíveis? Às vezes, é possível ter essa impressão. No meu escritório, há duas janelas de canto, de onde vejo uma bétula de 80 anos à frente da cabana. A velha árvore (bétulas não vivem muito mais de 100 anos) já está corroída pelo tempo – ou melhor, pelo pica-pau. A uma altura de 5 metros, há uma cavidade natural que, ao longo dos anos, vem sendo usada alternadamente por diversas espécies de aves para formarem seus ninhos. Depois do pica-pau, as trepadeiras-azuis a ocuparam por muitos anos, e depois foi a vez dos estorninhos, que se adaptaram bem ao lugar.

Certo dia, porém, ouvi um guincho alto e, quando olhei pela janela, vi uma pega voando perto da árvore. De repente, ela pousou na entrada da cavidade e pegou um filhote de estorninho, o atirou no chão na frente da árvore e começou a bicá-lo. Por instinto, larguei tudo no escritório e saí correndo. A pega se afastou alguns metros e desistiu da presa. O jovem estorninho estava completamente atordoado, mas parecia não ter ferimentos graves. Peguei uma escada e o devolvi com todo cuidado ao ninho. Até onde pude ver, a partir de então a pega parou de atacar, e o filhote pôde continuar a vida junto com seus irmãos.

O fato, porém, é que talvez a situação não tenha acabado bem, e por minha causa. Que direito eu tinha de intervir? Fiquei com pena do pequeno estorninho, e não consegui ficar apenas assistindo enquanto ele era morto. Mas, do ponto de vista da pega, será que o filhote de estorninho não era um pedaço de carne que ela precisava levar com urgência para alimentar os filhotes? E se um desses filhotinhos tiver morrido de fome justamente por causa do que eu fiz? Quando a pega atirou o filhote de estorninho para fora do ninho, eu julguei a pega como uma ave má. Mas será que ela é de fato má? E o que é "ser mau"? Essa é uma característica que pode depender do ponto de vista? Se for assim, então, do ponto de vista da pega, eu fui o vilão que impediu a mãe ou o pai de obter alimento. Do ponto de vista da espécie, a pega, um belo pássaro preto e branco, teve um comportamento perfeitamente natural. Por outro lado, eu também sou um típico representante da minha espécie, pois acho que a maioria dos humanos que tivessem assistido à cena teria sentido pena.

Então, o que aconteceria se houvesse um incidente parecido envolvendo animais da mesma espécie? Isso não é raro na natureza, como mostram os ursos-pardos. Os machos dessa espécie podem representar perigo de morte para os animais jovens. Conforme a época de reprodução se aproxima, os machos começam a procurar fêmeas dispostas a acasalar. Contudo, as mães que estão com filhos pequenos não querem, e muitas vezes os machos decidem partir para a violência: eles simplesmente matam a cria, e pouco depois as mães estão de novo prontas para a próxima gravidez. Essa é uma reação natural do corpo a uma situação extrema. Como sabem das intenções dos machos, as fêmeas tentam manter distância de possíveis pretendentes.

Outra estratégia das fêmeas é acasalar com o maior número possível de machos, para que todos pensem que são o pai do filhote e deixem a mãe e a cria em paz. Pesquisadores da Universidade de Viena descobriram que a fêmea adota esse comportamento promíscuo não para obter prazer sexual, mas por estratégia de defesa. Durante 20 anos eles observaram ursos na Escandinávia e concluíram que essa estratégia é bastante comum em populações onde animais muitos jovens são mortos por adultos machos.[75] Esses ursos são maus? Afinal, o que é ser mau? Para os dicionários, "mau" é "moralmente ruim, censurável". Ou, colocando em outras palavras, num ato de maldade deve haver a intenção de violar o código moral à custa de outro indivíduo. Nem a pega nem o urso fazem isso, pois suas ações são parte do comportamento normal de suas espécies.

Já o comportamento dos coelhos brancos que arranjamos certa ocasião não teve nada de normal. Um dia, quisemos mudar dos mestiços genéricos para animais de raça, por isso fomos a um vilarejo próximo ver alguns coelhos brancos de Viena. Os animais tinham pelo fofinho e olhos azuis encantadores, e nos sentimos na obrigação de levar um pequeno grupo para casa. Eles receberam um cercado espaçoso junto à cabana, mas tudo funcionou bem só nas primeiras semanas. Certo dia, chegamos ao cercado e vimos um coelho em frangalhos no chão. Era uma fêmea de pequeno porte, cujas orelhas estavam cortadas, penduradas para baixo como trapos.

Morremos de pena e concluímos que devia ter acontecido uma luta feroz por posição no grupo. No decorrer dos dias seguintes, porém, outras fêmeas se juntaram à primeira, todas com as orelhas rasgadas. Passamos a observar, e nossas suspeitas foram confirmadas: uma das fêmeas estava causando essas lesões brutais com suas garras dianteiras afiadas como facas. E, claro, a fêmea raivosa era a única que continuava com as orelhas intactas. Mas não por muito tempo, pois ela logo foi parar na panela.

Esse coelho, então, era mau? Acho que sim, porque esse comportamento não era próprio da espécie nem defensável do ponto de vista moral. Além de tudo, aquela fêmea estava mal-intencionada, afinal parece ter agido sem ter sido motivada pelos outros. Alguém pode argumentar que talvez um trauma terrível na juventude a tenha feito passar a agir assim. É verdade, mas também não é isso que quase sempre acontece com malfeitores humanos? Qualquer má ação pode ser rastreada até um ponto em que se torna explicável, portanto perdoável. No entanto, por questão de simplicidade, aplicaremos aos animais o mesmo critério utilizado com seres humanos: devemos presumir a existência de pelo menos um nível básico de livre-arbítrio para tomar decisões. Não são só os humanos que têm essa liberdade de escolha; muitos animais também a têm.

34. Hora de dormir

Para mim, só é verão de verdade quando eu vejo os andorinhões-pretos. Eles parecem as andorinhas normais, porém são muito maiores e, sobretudo, mais rápidos. Com seus chamados estridentes, voam a uma velocidade alucinante por entre os arranha-céus das cidades em busca de insetos ou só por diversão. Ao contrário das outras espécies de aves, os andorinhões-pretos passam quase toda a vida no ar. São tão bem adaptados a ela que suas pernas são atrofiadas e os pés minúsculos servem apenas para se agarrarem às coisas. Para se reproduzir, constroem ninhos em rochedos ou fendas de muros, de forma que possam entrar e sair voando sem dificuldade. Com exceção do tempo que passa no ninho, o andorinhão-preto satisfaz às suas necessidades em pleno voo. Até o acasalamento ocorre no ar, e, assim como nós, os andorinhões se entregam a esse momento. O macho se agarra com firmeza ao dorso da fêmea, por isso fica difícil voar, e muitas vezes os casais começam a cair em espiral e precisam se separar a tempo de não se estatelarem no chão.

Mas estou falando do andorinhão-preto por outra razão: o sono. A maioria das formas de vida (até as árvores) precisa dormir, e, para isso, as aves costumam pousar num local coberto. Nossas galinhas, por exemplo, voltam para dentro do galinheiro ao entardecer, sobem a escada e se sentam no poleiro, onde se aconchegam uma ao lado da outra. E elas não precisam se preocupar em cair, pois, como acontece com a maioria dos pássaros, seus tendões se encurtam quando elas se sentam, de modo que as garras inferiores se curvam automaticamente. Isso permite que elas se fixem à barra sem gastar qualquer energia. E, assim como todos os pássaros, as galinhas também sonham. Quando isso acontece, elas se mexem durante o sono, tal qual o ser humano. O problema é que isso poderia ocasionar uma queda do poleiro (ou, no caso de aves silvestres, uma queda da árvore). Por isso, os músculos usados para o movimento são desativados no momento em que a galinha dorme, e assim ela pode passar a noite tranquila com a cabeça encolhida entre as asas.

E quanto aos andorinhões? Eles nunca se empoleiram nem ficam um segundo a mais do que o necessário em terra ou no ninho. Dormem em pleno voo, o que é muito arriscado, porque perdem o controle total de suas ações. Para dormir, eles apenas sobem em espiral alguns quilômetros de altura para ganhar distância suficiente do chão. Em seguida, começam a descer planando num voo em círculo, para retardar a perda de altitude. Então podem cochilar tranquilos por alguns instantes. Mas não sobra muito tempo para mais nada, pois precisam estar bem acordados antes que a soneca comece a ficar perigosa e os primeiros telhados se aproximem.

Os animais conseguem descansar fechando os olhos por tão pouco tempo pois, embora o sono permita que qualquer espécie reduza ou só bloqueie as influências externas – de modo que o cérebro possa executar determinados processos internos sem ser perturbado –, o sono em si varia um pouco de acordo com a espécie. As diferentes fases do sono humano mostram que nem para nós o momento de dormir é uma ocasião monótona. Nossas éguas, por exemplo, não precisam de um sono de fato profundo. Em geral, bastam alguns minutos deitadas de lado no chão. Durante esse pouco tempo de descanso, elas ficam tão mergulhadas no reino dos sonhos que não percebem nada do que acontece à sua volta e chegam a mexer as pernas como se galopassem num campo imaginário. Além desse momento – que não é muito diferente do sono em pleno ar dos andorinhões-pretos –, elas cochilam em pé várias horas por dia.

Todo animal dorme. Até as pequenas moscas-das-frutas precisam dormir, e durante o sono elas também mexem as patinhas, como os cavalos. O mais interessante desse tema, porém, é saber como sonham e sobre o que sonham essas criaturas. Os humanos sonham durante a fase chamada REM (em inglês, "rapid eye movement", ou movimento rápido dos olhos). Nessa fase, mexemos os olhos sob as pálpebras fechadas e, quando acordamos antes da próxima fase, quase sempre conseguimos nos lembrar do sonho. Muitas espécies de animais têm essas contrações oculares, e, quanto maiores são seus cérebros em relação ao corpo, mais intensas as contrações.

Como os animais não podem nos contar o que acontece durante o sono, precisamos ir em busca de outras pistas para entender o que se passa na cabeça deles. Cientistas do Massachusetts Institute of Technology, em Boston, pesquisaram o sono dos ratos. Mediram as ondas cerebrais dos animais enquanto procuravam avidamente por comida num labirinto. Em seguida, compararam os resultados aos que foram encontrados durante o sono. As semelhanças foram tão grandes que os pesquisadores usaram os dados para saber em que parte do labirinto os ratos se encontravam durante o sonho.[76]

Experimentos com gatos em 1967 já haviam chegado a descobertas indiretas a esse respeito. O cientista Michel Jouvet, da Universidade de Lyon, impediu os animais de relaxar os músculos durante o sono. Normalmente, o corpo desliga nossos músculos voluntários para nos impedir de nos debater de forma descontrolada ou mesmo de andar pelo quarto de olhos fechados. Esse mecanismo só é necessário quando sonhamos. Quando ele é desativado, conseguimos observar o que o voluntário está vivenciando no sonho. Jouvet observou que os gatos do estudo ficavam com o pelo eriçado, mostravam as presas ou corriam – tudo isso durante um sono profundo. A ciência aceita essa observação como prova de que os gatos sonham.[77]

Mas o que acontece quando nos afastamos dos mamíferos e observamos os insetos? Será que algo parecido também pode acontecer em mentes tão diminutas? Será que o número um tanto pequeno de células cerebrais de uma mosca pode produzir imagens durante o sono? Hoje há indícios de que esses minúsculos aglomerados de células podem fazer mais do que admitimos até agora. Como já mencionei, a mosca-das-frutas esperneia pouco antes de adormecer, e seu cérebro é bastante ativo durante a fase do sono – outro paralelo com os mamíferos. Então essas moscas sonham? As reações físicas apontam para isso, mas, pelo menos até hoje, só podemos nos perguntar que imagens aparecem em seu cérebro (será que uma fruta velha?).[78]

35. Oráculos animais

Devo admitir que há um tempo eu me mostrava um pouco cético quando alguém dizia que os animais têm sexto sentido. Em muitas espécies, alguns sentidos são mais aguçados que outros, mas será que são tão mais apurados que chegam a captar sinais quase imperceptíveis de desastres naturais que estão prestes a acontecer? Hoje em dia, acredito que esse sexto sentido é uma ferramenta necessária para sobreviver na natureza selvagem, uma habilidade que nós, humanos, não perdemos completamente, mas que foi soterrada pelo ambiente artificial do mundo moderno.

E, por falar em soterrar, quem gostaria de ser enterrado vivo numa erupção vulcânica? Ao que parece, as cabras morrem de medo dessa possibilidade, ou pelo menos isso é o que se pode concluir com base na capacidade delas de detectar atividades vulcânicas. Quem a descobriu foi Martin Wikelski, pesquisador do Instituto Max Planck, que equipou um rebanho com transmissores GPS junto ao vulcão Etna, na região da Sicília. Em alguns dias, ele notou uma perturbação repentina, como se um cão estivesse espantando as cabras. Elas corriam de um lado para outro e tentavam se esconder em arbustos ou debaixo de árvores. Nesses dias, horas depois, sempre havia uma grande erupção. As cabras não se comportavam assim quando a erupção era fraca. Como elas sabiam o que estava prestes a acontecer? Infelizmente, os pesquisadores ainda não têm uma resposta satisfatória, mas supõem que tem algo a ver com os gases que emanam do solo e precedem uma erupção.[79]

Os animais nativos das florestas da Alemanha também são capazes de detectar perigos semelhantes. Na Europa Central, as atividades vulcânicas são um tema importante, e é possível ver sinais delas na região onde moro, o Eifel. Aqui, muitos vulcões antigos despontam na paisagem, entremeados por formações mais jovens, como o que originou o lago Laach, que fica na cratera de um vulcão ativo da região. "Jovem", nesse contexto, significa que a última erupção dele foi há cerca de 13 mil anos, e ele pode voltar a cuspir lava a qualquer momento. Naquela ocasião, 16 mil metros cúbicos de pedras e cinzas voaram pelos ares, sacudindo povoados da Idade da Pedra e formando nuvens que escureceram o céu diurno até a Suécia. Esse é um perigo que deve ser levado a sério, embora seja muito pequena a chance de se vivenciar uma erupção ao longo da vida.

O professor Ulrich Schreiber, da Universidade de Duisburg-Essen, e sua equipe fizeram um incrível esforço para mapear mais de três mil formigueiros da espécie *Formica rufa* nas montanhas do Eifel e descobriram uma correlação incrível entre a localização do formigueiro em si e falhas na crosta terrestre causadas por erupções vulcânicas e terremotos. Eles verificaram que os formigueiros se acumulam exatamente nas interseções dessas linhas de falha. A composição do ar que emana do solo nesses pontos é diferente do ar na atmosfera. As formigas gostam dessa composição e preferem construir suas moradias nessas junções.[80] Agora que sei, sempre me lembro disso ao ver essas belas formações cheias de formigas zanzando por perto. Assim como no caso das cabras, a ciência ainda não sabe por que as formigas gostam desses lugares específicos. De qualquer forma, uma coisa está clara: elas percebem as mínimas diferenças na concentração dos gases, assim como as cabras, e existem inúmeros relatos de fenômenos semelhantes espalhados por todo o mundo.

Isso significa que os animais são por natureza mais sensíveis que os humanos? Muitas espécies apresentam um desempenho bem melhor que nós em determinadas áreas. As águias enxergam melhor, e os cães têm audição e olfato mais aguçados que os nossos. Contudo, a soma de produtividade dos nossos sentidos é tão alta que, na média, não ficamos atrás das outras espécies. Então por que percebemos tão pouco as mudanças em nosso ambiente, ao contrário dos outros animais? Acho que é porque somos superestimulados nos ambientes doméstico e profissional. Hoje em dia, a maioria dos odores que sentimos não vem mais de florestas e campos, mas de canos de escapamento, exaustores de impressoras nos escritórios ou perfumes e desodorantes. A sobrecarga contínua de aromas artificiais encobre os odores naturais. Para mudar isso, é preciso passar um bom tempo no campo em contato com a natureza. Onde eu moro, por exemplo, sinto o cheiro do fedorento gás de escape de uma única mobilete a 50 metros de casa. Quando chove, por outro lado, o ar da floresta é imediatamente tomado por aromas de cogumelos, indicando que dali a poucos dias haverá uma colheita farta.

Com a visão ocorre algo parecido. Quem vive na frente do computador ou no celular desde cedo tem mais chances de ficar míope do que as crianças que passam a maior parte do tempo brincando fora de casa. Estudos recentes revelam que a miopia é cada vez mais comum nas gerações mais novas. Entre os nascidos na década de 1960, a chance é quatro vezes maior quando comparada com a dos nascidos na década de 1920.[81]

Isso significa que estamos perdendo a visão? Felizmente, podemos usar óculos, mas a deterioração cada vez maior da capacidade visual inata me parece um sintoma clássico de outra coisa. Acredito que nossos sentidos sejam tão sensíveis aos processos naturais quanto os dos animais. Mas nossa vida moderna entorpece um sentido após o outro. Minha audição não é muito boa hoje em dia – perdi a capacidade de ouvir algumas frequências de tanto ir a discotecas quando jovem e fazer treinamento de tiro. Mas ainda há esperança. Quando perdemos de vez uma capacidade orgânica, não é possível retomá-la, mas nosso cérebro pode compensar essa deficiência em muitas outras áreas. Um bom exemplo que tenho é a migração anual dos grous. Adoro ouvir o chamado dessa ave, que anuncia a mudança de estação. Consigo ouvi-la mesmo atrás de janelas bem isoladas e longe das aves. Basta um leve indício, mais até uma premonição, e quando eu saio porta afora vejo uma formação em V voando ao longe.

A migração dos grous, aliás, tem tudo a ver com o tema deste capítulo – o sistema de alerta precoce dos animais. Os grous, por exemplo, nos dão pistas de como está o tempo em lugares distantes. Eles gostam de voar com o vento a favor, portanto, durante o outono europeu, se eles chegam do norte, significa que há um vento gélido vindo de lá, que pode ser sinal das primeiras neves da estação. Na primavera, porém, a chegada em massa das aves é sinal de que está começando a época de reprodução, pois um vento vindo do sul atravessa a Espanha e aumenta a temperatura na Alemanha.

Podemos até usar a audição para estimar, grosso modo, a temperatura ambiente. Parece estranho, mas na verdade é simples. Nesse caso, contamos com a ajuda dos gafanhotos e grilos, animais heterotérmicos que só começam a cantar quando a temperatura ultrapassa os 12 °C. Quanto mais a temperatura sobe, mais rápido eles cantam. Alguém poderia dizer que é muito mais fácil estimar a temperatura sentindo o calor na própria pele. É verdade, mas quando você está fazendo atividade física, por exemplo, fica difícil saber a temperatura, por causa do calor gerado pelo próprio corpo.

Assim como os ouvidos, também é possível treinar os olhos. Claro que podemos corrigir os problemas de visão usando óculos, mas o fundamental nesse caso é a resposta do cérebro, que – assim como no caso da audição – aguça a sensibilidade para certas mudanças no ambiente. Hoje em dia enxergo cervos com minha visão periférica; basta uma leve mudança no estado normal no verde das árvores. Com uma mínima alteração da cor do abeto, percebo de longe que ele está infestado de besouros, antes mesmo de eu perceber as diferenças significativas entre as árvores afetadas e as copas saudáveis das árvores adjacentes.

Meus outros sentidos também são bem treinados. No próprio rosto já sinto a mudança de direção do vento (indicando que o tempo vai mudar), as gotículas de chuva que anunciam a formação de nuvens pouco carregadas (indicando, portanto, que a chuva será fraca) ou odores fraquíssimos que indicam uma carcaça de animal em decomposição por perto. Somadas, essas sensações são como um quebra-cabeça que me fornece atualizações contínuas sobre o ambiente ao meu redor e seus perigos sem que eu tenha que me preocupar muito com isso.

Algumas pessoas sensíveis ao clima preveem uma tempestade muito antes de as primeiras nuvens aparecerem no céu azul. A ciência ainda não tem certeza de onde se encontra essa sensibilidade e no que se baseia – se, por exemplo, ocorre uma alteração na condutividade das membranas celulares –, mas, seja do jeito que for, funciona. Até que ponto os povos antigos, que viviam em meio à natureza e eram expostos diretamente a todo tipo de estímulo, eram mais capazes de interpretar os sinais das florestas e dos campos? Eu passo apenas parte do dia treinando meus sentidos, enquanto os animais treinam a vida inteira. É mais que normal, portanto, que sejam muito melhores que nós em prever desastres naturais.

Se os animais podem ser tão sensíveis, será que conseguem fazer previsão do tempo para um futuro não tão imediato? Podem sentir se o inverno será rigoroso? Em certos anos, é possível ver esquilos e gaios enterrando uma quantidade bem grande de frutos de faia e de carvalho. Infelizmente, porém, não se pode concluir que estão agindo de forma sábia por terem previsto um inverno muito rigoroso e com neve. Os animais apenas aproveitam ao máximo a grande oferta de alimento fornecido pelas árvores. As faias e os carvalhos florescem ao mesmo tempo, a cada três, quatro ou cinco anos. Essa floração em geral ocorre na primavera seguinte a um verão bem difícil e seco, portanto a supercolheita vem com quase um ano de atraso e está relacionada ao verão anterior, não ao inverno futuro.

Em última análise, portanto, os animais não são capazes de prever o tempo no longo prazo, mas, se olharmos para as mudanças climáticas de curto prazo, a coisa muda de figura. Para observar esse efeito, uma das minhas espécies favoritas é o tentilhão, pássaro que vive em florestas antigas de árvores frondosas, mas também em florestas mistas. O macho canta uma bela sequência de notas quando faz tempo bom. Se o tempo está nublado ou começa a chover, só é possível ouvir um piado monótono. Durante minhas rondas diárias pela floresta, percebi que o tentilhão muda seu canto quando é perturbado, mas continua cantando normalmente quando me vê. Para ele, o sol encoberto por nuvens carregadas é uma ameaça maior do que uma pessoa caminhando pela floresta.

E o que os outros tentilhões ganham quando uma das aves avisa que o tempo vai mudar? Afinal, eles poderiam apenas olhar para cima e ver por si próprios que o tempo está fechando, certo? Não se estiverem sob as copas densas de uma antiga floresta de faias; dali, na melhor das hipóteses o tentilhão só vai conseguir notar se o tempo ficou um pouco mais escuro. Ele só consegue ver o tempo fechar se estiver numa clareira criada pela queda de uma árvore gigante que dê vista para o céu livre – ou se estiver acima das copas. Portanto, essas advertências são úteis porque, dependendo de onde se está, nem todo tentilhão sabe que o tempo está mudando.

36. Os animais também envelhecem

Assim como o ser humano, todo animal sente uma dorzinha aqui e outra ali quando envelhece. Mas o que se passa na cabeça deles conforme se tornam cada vez mais frágeis? Eles têm consciência de que suas capacidades físicas estão diminuindo? Essa é uma questão difícil de responder do ponto de vista científico, porém, mais uma vez, é possível ter uma boa noção observando seu comportamento.

O cavalo, por exemplo, parece ficar mais medroso conforme envelhece, e há uma boa razão para isso. Conforme já expliquei, em geral ele consegue cochilar em pé – a articulação do joelho do animal é moldada para isso, travando quando os músculos relaxam e, assim, evitando que a perna se dobre enquanto o cavalo cochila. Ele alterna o peso nas pernas traseiras – enquanto a que aguenta o peso fica fixa no chão, a outra toca apenas a ponta do casco no solo. Isso alivia as patas dianteiras, que permanecem retas.

O cavalo pode cochilar por horas a fio nessa posição, mas não chega a dormir de verdade. Assim como nós, ele precisa de um sono profundo para se manter saudável e em forma. Para isso, deve se deitar de lado no chão, com as pernas esticadas. Nessa posição, ele chega inclusive a sonhar, tem elevada atividade cerebral e até consegue mexer as pernas. Às vezes, o lábio inferior se move, como se ele quisesse relinchar ou comer durante o sono.

Quando acorda, o cavalo precisa se levantar. Com cerca de 450 quilos e pernas relativamente longas, ficar de pé demanda muita força: primeiro ele se ergue com as patas da frente, depois toma impulso com as traseiras e se levanta. O problema é que, para os cavalos velhos, conseguir esse impulso é quase impossível, e é por isso que eles morrem de medo de se deitar. Mesmo preferindo descansar deitados de lado, eles ficam em pé por segurança e se contentam com os cochilos. Isso não é nada bom, pois, como deixam de ter um sono reparador, as reservas de energia vão embora ainda mais depressa. Ao que tudo indica, os cavalos sabem muito bem que, ao se deitar, estão se colocando numa situação de risco – os que não conseguem mais se levantar acabam morrendo em pouco tempo, porque ou os órgãos internos começam a falhar ou um predador os ataca.

Assim, como fica cada vez mais difícil se levantar, o tempo que o cavalo passa em sono profundo vai diminuindo aos poucos. No caso das nossas duas éguas, a mais velha, que tem 23 anos, se deita com muito menos frequência que sua companheira três anos mais jovem. Em algum momento, o medo prevalecerá, e a partir de então ela nunca mais sonhará.

As cervas idosas também sofrem com as transformações provocadas pela idade. Além da perda muscular, o que as deixa com uma aparência mais ossuda, elas mudam de comportamento; ficam irritadiças e rabugentas. É compreensível, tendo em vista que talvez já tenham liderado o bando e sido rainhas admiradas pelo grupo. Embora engravidem mesmo velhas, as crias geradas são fracas. Com os dentes completamente desgastados por anos de uso, elas não conseguem mais mastigar a comida de forma adequada, portanto passam fome com frequência. Com isso, a quantidade de leite e o teor de gordura diminuem, e as crias também passam fome. Não admira que esses jovens cervos sejam os que mais morrem vítimas de doenças ou de predadores, o que, por sua vez, como já descrevi no capítulo "Luto", afeta de modo negativo a posição hierárquica da velha cerva. Você também não viveria de mau humor numa situação dessas?

Um tema sobre o qual quase não encontro material de leitura é a demência em animais. Hoje em dia os animais de estimação certamente vivem muito mais do que tempos atrás, pois os cuidados veterinários têm aumentado. Nossa pequena cadela Maxi é um bom exemplo disso. Ela sempre teve a melhor alimentação, recebeu todas as vacinas e quando tinha alguma infecção era levada ao veterinário, que aproveitava para fazer a remoção de tártaro e manter a dentição saudável. Um dia, com 12 anos, Maxi começou a cambalear. O problema foi logo diagnosticado: ela havia sofrido um derrame cerebral. Foi um golpe duro para nós. Maxi, que sempre havia sido tão ágil, de repente estava chegando ao fim da vida. Mas os comprimidos e as injeções surtiram um rápido efeito, e ela se recuperou.

A partir de então, Maxi teve uma velhice normal para um cão, com um declínio lento de suas capacidades e seus sentidos. Até que em determinado momento ela simplesmente ficou muda. Os latidos deixaram de ecoar pela nossa cabana, o que na verdade não nos incomodou – muito pelo contrário. Em seguida, a audição também se despediu, o que foi desgastante, já que só podíamos nos comunicar através da visão. Ainda assim, ela ainda tinha alegria de viver.

No último ano de vida, porém, ela se deteriorou a ponto de não nos reconhecer mais. Além disso, passava horas se revirando na sua cestinha, como que para se deitar, mas nunca se deitava. Em seguida, passou a comer menos e perdeu muito peso. Foi quando surgiram lesões cancerígenas. Por fim, de coração partido, levamos Maxi para ser libertada pelo veterinário. Seu sucessor, Barry, um cocker spaniel macho, viveu uma situação semelhante quando tinha 15 anos. Além de perder a capacidade mental, passou a sofrer de incontinência, o que nos deu muito trabalho e custou grandes quantidades de produtos de limpeza. Hoje em dia, existem terapias e medicamentos contra o que é denominado "síndrome da disfunção cognitiva".

Acredito que pelo menos os animais superiores possam sofrer de demência. Gateiros relatam situações semelhantes sobre seus animais de estimação, e os cientistas descobriram, no cérebro dos gatos, depósitos e alterações semelhantes aos encontrados em seres humanos que sofrem de demência. Chegamos a ter uma cabra com demência no nosso rebanho. Ela não tinha mais a capacidade de se orientar e um dia simplesmente se perdeu; só foi encontrada graças a um enorme esforço do nosso filho. Estava deitada em paz na beira de um riacho na floresta.

É raro observar casos de demência na natureza selvagem, pois esses animais se tornam presa fácil dos carnívoros. Eles se isolam do rebanho e, com isso, dão sinais de vulnerabilidade. Um animal que não está bem da cabeça é segregado sem dó nem piedade. Claro que o mesmo acontece com os predadores, só que, em vez se tornarem comida de outros animais, eles morrem de fome.

Mas e quando o fim se aproxima e a massa cinzenta ainda funciona bem? O animal tem consciência de que não viverá muito mais tempo? Algumas pessoas conseguem prever a própria morte. Algumas estão doentes e adivinham o exato momento da morte, acertando até a semana, enquanto outras estão velhas e cansadas e simplesmente não querem mais viver. Para essas pessoas, a morte não é uma surpresa. Alguns animais passam pelo mesmo processo. Nossas cabras velhas se separam do rebanho pouco antes da hora, para morrer em paz. Para se isolarem, é porque deviam ter consciência de que era o momento. Elas procuram um canto afastado no pasto ou vão para o pequeno estábulo aberto que não é usado durante o dia no verão. Ali elas se deitam e morrem em paz.

E como eu sei que elas morrem em paz? É possível ver pela posição do animal. Por exemplo, a nossa cabra favorita, Schwänli, se deitou confortavelmente de bruços, com as pernas flexionadas sob o ventre. Essa é uma posição típica de quando as cabras estão dormindo muito relaxadas. Por outro lado, quando o animal agoniza, a terra ao seu redor está revirada, pois ele sacode as pernas, e o corpo está deitado de lado. O pescoço está dobrado para trás, e a língua em geral fica para fora. Esse animal sofreu em seus últimos momentos. Nossa Schwänli, não. Ao que tudo indica, ela havia pressentido a morte e, em paz, se despediu da vida.

O comportamento de Schwänli não só facilita a despedida para nós como também traz benefícios para o rebanho, pelo menos quando se trata de animais selvagens. Isso porque os animais velhos e fracos representam um perigo. Eles são lentos e atraem predadores. Ao se separarem do grupo no momento certo, os animais velhos impedem que membros mais jovens do rebanho sejam mortos por predadores.

37. Mundos estranhos

Costumamos pensar que a natureza é idílica e relaxante porque, num primeiro olhar, ela parece pacífica e harmoniosa. Borboletas coloridas voam sobre campos floridos, troncos brancos de bétulas erguem-se sobre arbustos e balançam seus galhos ao vento. Para o ser humano essa visão é relaxante, em parte porque a natureza selvagem quase não nos oferece perigo. Para seus moradores, porém, não é bem assim; por isso; eles veem a floresta com olhos bem diferentes.

Se você prestar atenção, vai perceber duas grandes diferenças entre as borboletas, animais diurnos, e as mariposas, que são noturnas. As borboletas têm asas coloridas. A espécie *Inachis io*, também conhecida como cauda-de-pavão, tem manchas em forma de olhos nas asas, para espantar pássaros e outros predadores. Além disso, o corpo e as asas têm poucos pelos, de modo que o predador veja com clareza os "olhos" falsos. Já as mariposas são monocromáticas, em geral acinzentadas ou marrons, pois passam o dia repousando em troncos e em galhos de árvores, esperando o anoitecer. Durante esse período, elas são lentas e podem facilmente se tornar presas de aves, que captam todas as cores com sua visão aguçada. Se a mariposa escolhe a árvore errada e a cor de suas asas não coincide bem com a do tronco, ela não chegará ao dia seguinte, ou melhor, à noite seguinte.

Para sobreviver, as borboletas e mariposas se adaptam ao mundo modificado pela nossa cultura. É o caso da *Biston betularia*, espécie de mariposa com uma asa branca salpicada de pontinhos pretos e envergadura de 5 centímetros. Essa é exatamente a cor do tronco das bétulas em que esse inseto gosta de descansar. Acontece que, na Inglaterra, as bétulas só foram brancas até cerca de 1845. Depois disso, com a Revolução Industrial, as fábricas passaram a expelir tanta fuligem pela queima de carvão que os troncos receberam um revestimento preto e oleoso. Antes bem camufladas, as mariposas passaram a se destacar contra o tronco e a virar comida dos pássaros – com a exceção de algumas "ovelhas negras".

Essas mariposas diferentes sempre existiram e tinham asas escuras, o que, antes da Revolução Industrial, equivalia quase a uma sentença de morte. Mas a partir de então a variante preta passou a ter vantagem na hora da camuflagem, se firmou na população da espécie e então, anos depois, a maioria das *Biston betularia* passou a ser preta. Com as medidas de controle da poluição do ar introduzidas no fim da década de 1960, o jogo virou de novo: as bétulas voltaram a ficar limpas e, portanto, brancas outra vez. Assim, em 1970, a maioria das mariposas avistadas era branca novamente.[82]

À noite, porém, a coisa muda de figura. As cores perdem importância, pois no escuro os pássaros insetívoros estão dormindo nos galhos das árvores, mas outros predadores entram em cena: os morcegos. Eles caçam não com a visão, mas por meio de ultrassom, emitindo sons agudos e escutando o eco devolvido por objetos e possíveis presas. Nesse caso, a camuflagem visual não ajuda em nada, pois os mamíferos voadores "enxergam" com os ouvidos. Dessa forma, as mariposas precisam se tornar invisíveis para a audição do morcego. Mas como? Uma possibilidade é absorver o som, em vez de refleti-lo. Por isso, muitas mariposas têm um pelo denso que absorve os sons dos morcegos – ou, para ser mais específico, reflete os sons em todas as direções possíveis. Assim, o cérebro do morcego recebe não a imagem nítida de uma mariposa, mas apenas um borrão, que pode muito bem ser um pedaço de casca de árvore.

Os pombos também enxergam de uma forma bem diferente da nossa. Embora sejam animais visuais como os humanos e, portanto, dependam da visão e da luz do dia, tudo indica que, além de todos os detalhes que fazem parte da vida humana, eles percebem um padrão da luz no céu, a direção da propagação das ondas de luz, e essa polarização é orientada para o norte. Durante o dia, portanto, os pombos enxergam uma bússola onde quer que estejam; não admira, por exemplo, que os pombos-correios se orientem tão bem em longas distâncias e sempre encontrem o caminho de volta para casa.[83]

Se considerarmos a audição do morcego como seu "sentido da visão", podemos fazer essa concessão a outras espécies para entender o que elas sentem e em que tipo de mundo subjetivo vivem. No caso dos cães, por exemplo, vale questionar até que ponto sua visão, que é um pouco menos desenvolvida que a dos humanos, é aprimorada pelo olfato e pela audição. Se a soma das impressões dá ao animal o panorama completo do ambiente em que se encontra, então não sabemos o que um cão vê a julgar apenas pela visão dele. Se fizéssemos isso, o cão precisaria de óculos com urgência. O cristalino de seu olho não se adapta muito bem a diferentes distâncias, de forma que ele só enxerga com nitidez objetos a menos de 6 metros; e se o objeto chega a menos de 50 centímetros dos olhos, o cão também perde o foco.

Os cães têm cerca de 160 mil fibras nervosas ópticas, enquanto os humanos têm 1,2 milhão.[84] Mas, mesmo no nosso caso, "animais visuais", a visão não é suficiente, e é fácil comprovar isso. Se neste exato momento você está em um ambiente barulhento, escutando conversas ou ruídos da rua, tape os ouvidos. A questão não é a perda da audição em si, mas, sim, o fato de que a impressão tridimensional do ambiente muda de uma hora para outra; a profundidade se perde. Assim, cabe perguntar: até que ponto os cães dependem da audição, que é 15 vezes mais sensível que a nossa?

Fico fascinado sempre que penso que as espécies animais veem e sentem de forma completamente diferente umas das outras e que existem centenas de milhares de maneiras de enxergar o mundo. E muitos desses mundos ainda estão aguardando para serem descobertos, mesmo na região onde vivo. Além das espécies que já mencionei, a Europa Central é o lar de muitos milhares de outras, que infelizmente são tão pequenas e pouco atraentes que nem mesmo sua ocorrência é pesquisada de forma sistemática. Portanto, é uma pena que nada se saiba sobre o que sentem, pois, se elas não têm relevância para nós, humanos, não há motivo para liberarem verbas para pesquisas. E se não sabemos o que se passa com esses animais, quais suas necessidades e como sofrem com as práticas da silvicultura comercial, não há interesse em demarcar reservas para eles.

Eu, por exemplo, morro de curiosidade de saber mais sobre o pequeno gorgulho. Na família dele há espécies que conquistaram meu coração com sua incapacidade de voar. Uma delas é uma criaturinha pequena e marrom de 2 milímetros de comprimento e a aparência de um elefante minúsculo. O pelo dela cresce em faixas na cabeça e no dorso e lembra um corte de cabelo moicano. O gorgulho se adaptou à vida entre as folhas apodrecidas de florestas antigas, que sofreram poucas alterações ao longo do tempo.

Na Alemanha, por exemplo, a maioria das florestas intactas é de faias, que formam comunidades muito estáveis e se apoiam de forma mútua. Elas trocam soluções açucaradas e informações de modo tão eficiente através dos pontos de contato entre suas raízes que dificilmente tempestades, insetos e até mesmo mudanças climáticas podem prejudicá-las. Nessas florestas o gorgulho pode viver tranquilo e passar os dias mordiscando folhas murchas.

Essas espécies de besouro são consideradas relíquias das florestas primárias, isto é, são espécies da nossa natureza original, vistas como um indicador de que a floresta existe no local no mínimo há séculos. Por que um besouro viajaria para outro lugar? Por que necessitaria de asas? Eles não precisam encontrar um novo lugar para morar. Milhares de gerações dessa espécie podem viver e envelhecer em paz – e fico feliz em poder afirmar que a floresta que administro é um dos lugares onde ela foi encontrada. Vale dizer que envelhecer, para os padrões do gorgulho, é alcançar 1 ano de vida.

Como não tem asas, o gorgulho não consegue fugir, e, entre pássaros e aranhas, não faltam predadores naturais para a espécie. Quando alguém tem medo e não pode fugir nem se esconder, precisa inventar outro estratagema para sobreviver; assim, quando surge um problema, os besouros simplesmente se fingem de mortos. Graças à sua cor marrom de tom igual ao das folhas, é quase impossível enxergá-los. É uma pena que os visitantes que passeiam pela floresta também tenham dificuldade de vê-los, pois os gorgulhos são minúsculos, e seria preciso andar de lupa. Como não há pesquisas a respeito desse inseto, só nos resta imaginar o que esses pequenos seres sentem além do medo. Mesmo não havendo dados sobre a espécie, para mim é importante mencioná-la como um exemplo dos inúmeros animais que não estão no centro da nossa atenção mas ainda assim merecem ser considerados.

A biodiversidade ao nosso redor é algo de fato maravilhoso: pássaros coloridos, mamíferos fofinhos, anfíbios fascinantes e até minhocas utilíssimas: para onde quer que se olhe há coisas interessantes por ver. E esse é exatamente o nosso calcanhar de aquiles: só admiramos o que nossos olhos enxergam, mas grande parte do mundo animal é tão pequena que só pode ser conhecida com uma lupa ou um microscópio. Como será a vida, por exemplo, do filo dos tardígrados (também conhecidos como ursos-d'água), do qual já foram descobertas mais de mil espécies? Com oito pernas e um corpo fofinho (lembra um ursinho com vários membros), o tardígrado é um animal que pertence ao grupo eumetazoa, que gosta de ambientes muito úmidos. As espécies nativas da Europa Central têm cerca de 0,3 milímetro de comprimento e preferem viver no musgo, que também gosta de água e a armazena especialmente bem. Ali, os tardígrados andam para lá e para cá e, dependendo da espécie, comem vegetais ou até caçam criaturas ainda menores, como os nematódeos.

Mas o que acontece se a casa deles murchar nos meses quentes do verão? Na floresta que administro, o exuberante musgo verde que cobre a parte inferior dos troncos grossos das faias muitas vezes fica marrom, seco e rachado durante o verão, e os tardígrados perdem sua fonte de água. Quando isso acontece, eles caem numa forma extrema de sono. Só os exemplares bem alimentados sobrevivem a esse processo, e a gordura armazenada desempenha um papel fundamental. Se a perda de água for muito rápida, os animais morrerão, mas se a umidade evaporar aos poucos, eles se adaptarão; nesse caso, eles murcham e encolhem as patinhas para dentro do corpo, e seu metabolismo cai a zero. Nesse estado de animação suspensa, os tardígrados resistem a quase tudo: nem o calor escaldante nem o frio glacial podem prejudicá-los. Não há nenhuma atividade biológica. Aliás, eles também não sonham, pois isso implica consumo de energia. Pode-se dizer que nesse estágio o tardígrado vive uma espécie de morte, o que significa que ele também para de envelhecer.

No geral, tardígrados não vivem muito tempo, mas, sob condições extremas, podem sobreviver por décadas, só esperando cair a chuva que vai reanimá-los. Quando ela chega, tanto eles quanto o musgo são hidratados, e no máximo 20 minutos depois a criatura já está esticando as patinhas e fazendo com que suas estruturas internas voltem à atividade total. E assim o tardígrado continua vivendo sua vidinha.[85]

38. Habitats artificiais

Todos os dias nós, humanos, alteramos o planeta Terra, que tem se afastado cada vez mais de sua natureza original. Incríveis 80% da superfície sólida do planeta já foram desmatados, cavados ou construídos.[86] Os sentidos dos animais não estão configurados para o concreto e o asfalto, mas para florestas, pântanos ou corpos d'água intactos. A luz artificial é apenas um exemplo de alteração humana capaz de confundir os animais.

Pelo menos metade do céu noturno europeu já é afetada pela poluição luminosa. Uma cidadezinha de 30 mil habitantes é responsável por um raio de 25 quilômetros de iluminação não natural. Seus moradores têm poucas oportunidades de ver um céu perfeitamente estrelado. O pior é que muitas espécies de animais, sobretudo insetos, dependem da luz das estrelas para se orientar enquanto se deslocam no escuro.

Quando a lua está alta e a mariposa quer voar em linha reta para oeste, por exemplo, tudo o que precisa fazer é manter a lua à esquerda. O problema é que esse inseto noturno não sabe diferenciar a lua de uma lâmpada que decora um jardim. Assim, se ela voa através de uma plantação de tulipas e rosas e quer se orientar, vai procurar a fonte de luz mais potente à noite, que em tese é a lua. Então, mantém a fonte de luz à esquerda. O problema é que pode ser uma lâmpada a alguns metros de distância, e não a 384 mil quilômetros. Se a mariposa continuar voando em linha reta, a "lua" ficará para trás, e o animal terá a impressão de que ela fez uma curva. Então, corrigirá o curso virando para a esquerda, para na teoria voltar a voar em linha reta. A "lua" voltará para o lado esquerdo, mas na verdade a mariposa está apenas voando ao redor da lâmpada, fazendo uma trajetória em espiral cada vez mais fechada, até enfim terminar no centro. Se a lua artificial for uma vela, a mariposa morrerá queimada.

Mas mesmo que não tenha esse destino drástico, a mariposa está condenada. Se ela for enganada por uma lâmpada e tentar seguir em linha reta a noite toda, ficará sem energia. A intenção do animal era voar até as plantas que florescem à noite para se reabastecer de néctar, mas as poucas horas de noite restantes acabarão se transformando num programa de dieta involuntário. E, para piorar, os predadores já adaptaram seu comportamento para se aproveitar da nova situação. Aranhas armam suas teias à nossa porta, sob a lâmpada da entrada, porque ali há promessa de fartura. Quando uma mariposa inicia sua espiral fatal ao redor da lâmpada, acaba presa nos fios pegajosos da teia e é morta pela aranha.

As estradas são um desafio em particular para os animais selvagens. O asfalto em si não é um problema, pois os insetos e répteis podem usá-lo para se aquecer e alcançar a temperatura corporal em que seu corpo funciona de forma apropriada. Superfícies escuras se aquecem muito bem, o que, sobretudo nos dias mais frios da primavera, ajuda os animais heterotérmicos – que conseguem produzir pouco calor sozinhos – a recuperar sua atividade metabólica normal. Isso, claro, desde que nenhum carro os atropele e acabe de modo brutal com o banho de sol.

As estradas têm outros aspectos atraentes. Veja o caso dos cervos e corças. Os acostamentos costumam ter grama aparada, por isso são uma boa fonte de pastagem e vegetação suculenta. Como é proibido caçar nas áreas de tráfego para não pôr os condutores em perigo, esse é um local seguro para os animais. Não admira que haja tantos animais selvagens à noite nessas áreas. Infelizmente essa segurança, associada à elevada população de animais de caça, é a razão do grande número de acidentes de trânsito. Só na Alemanha, o setor de seguros registra cerca de 250 mil colisões por ano com javalis, veados-vermelhos e outros animais silvestres – grande parte delas com consequências fatais para os animais.[87]

Os animais deveriam ser capazes de aprender o melhor comportamento para esses casos, mas dois motivos contribuem para que continuem morrendo atropelados: de um lado, assim como acontece com o ser humano, os animais jovens são imprudentes. Cervos que completam 1 ano, por exemplo, começam a buscar o próprio território pela floresta. Enquanto os mais velhos já se estabeleceram num território e passam o dia todo comendo folhas de pé de framboesa e muitas vezes não se deslocam nem 100 metros, os jovens são afugentados dos territórios com dono e se deslocam muito mais até encontrarem uma pequena área livre. E, com uma densidade de quase 400 metros de estrada por quilômetro quadrado, isso contando apenas as estradas regionais, os cervos precisam cruzar várias pistas de asfalto antes de encontrar um lugar vazio e tranquilo para chamar de lar.

A segunda razão é o amor. Os cervos, sobretudo os machos, vão à loucura na época do acasalamento e só pensam numa coisa: sexo. No calor dos meses de verão, os hormônios enlouquecem, e os machos aguçam os ouvidos em busca de um chamado sedutor, emitido pela fêmea no cio para atrair a atenção. O problema é que os caçadores conseguem imitar o som com um talo de grama ou uma folha (basta segurar a folha firme entre os polegares, aproximá-la da boca e soprar). Por isso, onde moro esse período do ano também é conhecido como estação da folha. Admito que certa vez enganei um cervo porque queria ver se a artimanha de fato funcionava. E deu certo: depois do primeiro assobio suave, um macho de 1 ano saltou dos arbustos e olhou em volta, procurando a fêmea. Como estão com os sentidos completamente desorientados, os machos atravessam as estradas sem olhar quando são atraídos por uma aventura amorosa do outro lado da pista. É por isso que, no verão, ocorrem mais acidentes envolvendo cervos, inclusive durante o dia.

Isso significa que as nossas cidades são lugares ruins para os animais selvagens? De modo algum. Tirando as limitações e os perigos mencionados, a cidade é um lugar de grandes oportunidades para os animais, sobretudo para a biodiversidade. Fora das áreas urbanas, os campos e pastos se afogam em esterco líquido e se transformam em terras inférteis, e, na floresta, máquinas derrubam uma árvore atrás da outra e esmagam o solo. Por outro lado, novos habitats relativamente intactos surgem entre as fileiras de casas nas cidades. Não admira que um grande número de espécies refugiadas dos desertos agrícolas tenha se abrigado nesses lugares, entre elas milhares de plantas. Cientistas estimam que cerca de 50% das espécies de plantas regionais e nacionais do hemisfério Norte pode ser encontrada em cidades. Isso significa que os terrenos urbanos estão se transformando em locais de grande biodiversidade.

Por que estou destacando a propagação de plantas num livro sobre animais? Bem, plantas, arbustos e árvores são alimentos dos animais, representam a base da cadeia alimentar e são, portanto, indicadores importantes da qualidade de um habitat. E esse fato indica que também há descobertas animadoras em relação a animais. Por exemplo, 65% de todas as espécies de aves na Polônia podem ser encontradas em Varsóvia.

As cidades são espaços naturais jovens, comparáveis a uma ilha vulcânica que nasce nua e desolada no meio do mar em consequência de uma erupção forte, mas com o passar do tempo vai sendo povoada por plantas e animais. O que esses habitats têm em comum é o fato de que ainda estão sujeitos a fortes mudanças, portanto as cidades só entrarão num equilíbrio estável em relação às espécies daqui a muitas décadas, ou mesmo muitos séculos. Em Berlim, Munique ou Hamburgo (as cidades que conheço bem), é possível testemunhar uma mudança constante, ainda que lenta. No começo, uma quantidade desproporcionalmente grande de espécies não nativas se estabelece nas cidades, porque são "largadas" ali, isto é, introduzidas pelos moradores em jardins e parques. Demora muitos séculos para que as espécies nativas voltem a proliferar e se consolidar na região. Nos Estados Unidos e na Itália é possível ver o progresso dessas espécies. Enquanto nos Estados Unidos o número de plantas não nativas recua do leste em direção ao oeste, refletindo as ondas da colonização europeia, em Roma apenas 12,4% das espécies não são nativas. Mas a Cidade Eterna teve mais de 2 mil anos para alcançar esse equilíbrio.[88]

É possível enxergar um desenvolvimento semelhante no caso dos animais. Espécies generalistas (que conseguem se adaptar aos mais diversos habitats), como a raposa, têm se saído muito bem. No entanto, os animais parecem ter mais dificuldade que as plantas, pois precisam de áreas maiores e, ao mesmo tempo, são ameaçados por gatos e outros animais de estimação e por carros. E se uma espécie se estabelece de forma um tanto dominante – como os pombos –, nós, humanos, passamos a ter antipatia por ela; em alguns lugares, começamos até a combatê-la.

Considero a apicultura urbana um desdobramento positivo desse cenário. Nos centros urbanos, ao contrário do campo, sempre há várias espécies de plantas florescendo durante todo o verão, por isso a quantidade de colmeias e de mel produzido vem aumentando de modo constante. Isso mostra que deve haver alimento suficiente não só para as abelhas, como também para as borboletas.

Portanto, podemos concluir que as áreas urbanas não necessariamente excluem os animais. Dito isso, não se pode perder de vista a necessidade de proteger os habitats originais das espécies, o que por si só é um outro assunto que deve ser tratado.

39. A serviço da humanidade

A maioria dos animais usados pelos humanos leva uma vida indigna. Inúmeros porcos e galinhas criados em fazendas de criação, em confinamento, são considerados meros fornecedores de matérias-primas. Nem preciso dizer que esses animais não fazem isso de forma voluntária nem gostam de trabalhar para nós, mas há exemplos de parceria homem-animal que realmente dão gosto de ver. Com frequência vejo essas parcerias na floresta que administro – lenhadores que usam seus cavalos para remover os troncos de árvores derrubadas, por exemplo. Hoje em dia, em geral a maioria das árvores é derrubada por ceifadeiras. Elas são prejudiciais à floresta, pois são pesadas e afundam o delicado solo da região em até 2 metros, compactando-o. Por isso, na minha floresta comunitária, os silvicultores cortam as árvores e, em seguida, os troncos devem ser carregados pelas estradas madeireiras. E, em Hümmel, há séculos a remoção é feita por cavalos robustos.

Esses cavalos gostam de trabalhar? Não é chato passar o dia todo transportando cargas pesadas, com o suor escorrendo pelo corpo? Primeiro, vamos analisar a carga: para evitar esforços muito intensos, os troncos de até 30 metros de comprimento são cortados em pedaços de no máximo 5 metros. Eles são não só mais leves, como também mais fáceis de manobrar entre as árvores. Agora vejamos o lado dos lenhadores. Nunca conheci um deles que não amasse seus animais. Para eles, os cavalos são colegas de trabalho, que não devem ser sobrecarregados. Como os cavalos recebem cuidados mesmo depois do fim de expediente ou no fim de semana, são como membros da família. Quando são levados à floresta, os donos tomam todo o cuidado para evitar que algo lhes aconteça.

Na verdade, os próprios cavalos querem se esforçar um pouco mais. Dá para perceber como gostam de trabalhar quando são forçados a fazer uma pausa. Acontece que, para manter uma cota razoável de troncos retirados das florestas por dia, a maioria dos lenhadores possui um segundo cavalo. Pelo menos na primeira metade do dia de trabalho, o que está descansando fica raspando os cascos no chão, impaciente, mostrando que quer entrar em ação. O cavalo não teria a menor dificuldade em se negar a trabalhar, pois em geral os donos conduzem esses gigantes com uma rédea frouxa e fraca demais para frear o animal ou puxá-lo em determinada direção. Na verdade, ela serve apenas para o humano manter o contato com o animal e transmitir pequenos sinais para fazê-lo seguir em frente. O resto é resolvido com um jargão incompreensível, sons confusos que soam como "ioio, haihe, brrr". O cavalo escuta com atenção e sabe exatamente se deve seguir em frente, dar meia-volta ou ir para os lados, e se deve ir com força total ou com calma.

Uma parceria semelhante a essa é a formada entre pastores e cães, que, aliás, também obedecem a comandos verbais. O cão de pastoreio é outro exemplo de animal que gosta de trabalhar, como fica claro quando vemos um deles correr veloz pelo campo para arrebanhar as ovelhas.

Existem dois pontos de vista bem opostos sobre o tema "animais domésticos". Um é o de que moldamos essas criaturas por meio do cruzamento para que estejam perfeitamente adequadas às nossas necessidades. O selvagem foi amansado, o magro foi engordado, o grande se tornou pequeno; quaisquer que sejam nossos desejos, os animais podem satisfazê-los. Dessa forma, as espécies originais foram transformadas em caricaturas bizarras. Mas também é possível enxergar essa questão por outros olhos: os dos animais. Isso porque eles conseguiram se modificar de tal maneira que são totalmente capazes de nos emocionar. O que me faz lembrar do buldogue francês Crusty. O pequeno macho de nariz arrebitado tinha um charme encantador, você se sentia obrigado a acariciá-lo. Então, quem está manipulando quem? Você dá comida e água; em caso de doença, corre com ele para o veterinário; no inverno, ele sempre tem um lugar aconchegante perto da lareira. Ou seja, o pequeno mascote leva uma vida de fato agradável. Se ainda perambulasse pelo mundo como seus ancestrais, os lobos, ele nunca teria essa vida.

O exemplo da tolerância à lactose é perfeito para nos mostrar até que ponto nós mesmos nos adaptamos fisicamente aos nossos companheiros de quatro patas. Em geral, apenas os bebês têm tolerância ao leite, e a mãe só o produz para eles. Conforme mudamos nossa alimentação e nos adaptamos à comida sólida, perdemos a capacidade de digerir o leite ou a lactose. Ou melhor: perdíamos. Porque, quando o ser humano começou a criar animais, os adultos também passaram a consumir leite e queijo – nesse caso, de vacas ou cabras. Como o leite é um alimento valioso, as comunidades que sofreram mutação genética possibilitando a digestão da lactose tiveram mais chance de sobrevivência. Esse processo pode ser rastreado até cerca de 8 mil anos atrás e continua em pleno andamento. Na Europa Central, por exemplo, 90% da população tem essa capacidade, ao passo que na Ásia apenas 10% digerem a lactose. Ainda não existem pesquisas mostrando como nos adaptamos para viver com os cães, mas alguns cientistas afirmam que essa relação existe há pelo menos 40 mil anos.[89]

40. Comunicação

Como já falei, nunca saberemos com certeza se os animais sentem medo, tristeza, alegria ou felicidade da mesma maneira que nós. Na verdade, não podemos sequer dizer que uma pessoa sente as mesmas coisas que outra, como você já deve ter percebido quando o assunto é dor. Quer um exemplo de como alguns indivíduos são mais sensíveis à dor que outros? Veja o caso da urtiga: algumas pessoas berram de dor quando encostam nela, enquanto outras quase não sentem nada. E nós podemos nos comunicar uns com os outros para pelo menos dar uma ideia de como estamos nos sentindo. Com os animais, não podemos.

Acontece, porém, que estudos sobre corvos mostram que é possível, sim, nos comunicarmos com os animais. Essa espécie de ave usa diferentes tons – alguns mais altos, outros mais baixos – para cumprimentar outra ave que se aproxima. Pelo tom, o corvo que é saudado sabe muito bem se é benquisto ou não pelo outro. Não existe maneira melhor de expressar os sentimentos.

Mas a comunicação não consiste apenas de sons. Mesmo no caso dos humanos, uma parte substancial da comunicação é não verbal, isto é, transmitida através de gestos e expressões faciais. Dependendo do estudo, o que é dito por meio da voz pode ser responsável por apenas 7% da importância da mensagem como um todo.[90] E como isso funciona para os animais? Assim como nós, o corvo não se expressa apenas por sons. Cientistas da equipe de Simone Pika, do Instituto Max Planck de Ornitologia, em Seewiesen, descobriram que esses inteligentes pássaros usam o bico de forma muito parecida com as nossas mãos. Enquanto nós apontamos o dedo ou acenamos para dirigir a atenção do interlocutor para um objeto ou para nós mesmos, os corvos erguem objetos com o bico. Eles também o usam para apontar para algo ou atrair a atenção do sexo oposto. Com um extenso "vocabulário" sonoro e uma série de movimentos adaptados de acordo com a situação, o corvo tem uma enorme e detalhada capacidade de se expressar.[91] E ela é fundamental, pois esses animais passam quase a vida toda com o mesmo parceiro e precisam de um sistema complexo para saber em que situação o outro se encontra. Essa descoberta, porém, representa apenas uma pequena janela para a vida íntima desses pássaros, que com certeza ainda nos reservam boas surpresas.

Na floresta que administro existe outra ave capaz de se comunicar. Certa vez, nossos filhos ganharam um casal de periquitos, e Anton, o macho, sabia atrair a atenção para si. Sempre que estava com fome, erguia a tigela de comida e a deixava cair. Ele tinha vários brinquedos na gaiola, mas esse gesto claramente era uma mensagem intencional que significava: "Por favor, encham a tigela!"

Deixando os gestos de lado e voltando à linguagem em si, os cães não apenas podem latir, como também são capazes de produzir uma série de sons distintos para se expressar. Talvez até façam isso de forma sofisticada, e nós, humanos, só consigamos entender a mensagem resumida. Tivemos essa impressão com nossa cadela Maxi. Com o passar dos anos, aprendemos a entender se ela estava com fome, entediada ou com a tigela de água vazia. Até nossas éguas se mostraram capazes de imprimir nuances em suas vocalizações. Nesse aspecto, fiquei bastante surpreso com as conclusões de uma pesquisa suíça com cavalos. A maioria dos donos desses animais sabe que eles se comunicam usando, em grande medida, a linguagem corporal. Embora a comunicação não verbal dos equinos já tenha sido um pouco mais pesquisada que a dos corvídeos, os cientistas da universidade ETH Zurique descobriram que, mesmo em emissões vocais aparentemente primitivas, havia muito mais significado do que se sabia até então. Acontece que os relinchos contêm duas frequências básicas que transmitem informações complexas. A primeira frequência indica se é um sentimento positivo ou negativo, e a segunda, a força desse sentimento.[92] No site do ETH é possível ouvir um exemplo de cada situação.[93]

Após ouvir as gravações, tive certeza de que minhas éguas expressam com clareza um sentimento positivo em seu relincho quando nos veem chegando. Tudo bem, quase sempre que eu apareço é para levar comida, mas não vejo isso como um problema. O que me interessa é que agora posso enfim ter certeza de que as éguas ficam felizes em nos ver, algo que, antes, eu só podia presumir. Depois de ler os resultados da pesquisa, passei a escutá-las com mais atenção para descobrir se há alguma oscilação de humor, se ora estão mais felizes, ora menos. Hoje tenho certeza de que os cavalos exprimem diferentes níveis de felicidade ou tristeza através do relincho, assim como os humanos fazem ao falar. Independentemente do estudo, estou certo de que os cavalos também podem expressar afeto com o relincho. Quando nossa égua mais velha, Zipy, troca carinhos conosco, emite sons suaves e agudos com a boca fechada. Ao fazer isso, sabemos que ela está feliz e gostando da nossa companhia. Em outras palavras, ela nos comunica seus sentimentos "verbalmente".

Considero os cavalos um bom exemplo de como desconhecemos a comunicação entre animais. Nós, humanos, criamos cavalos há milênios, portanto, em princípio, a essa altura eles já deveriam ter sido pesquisados muito mais a fundo do que os animais selvagens. O fato de que as pesquisas podem nos surpreender tanto me deixa ainda mais cauteloso na hora de julgar as habilidades de outras espécies.

O passo seguinte na comunicação seria não apenas decifrar a linguagem dos animais entre si, mas também poder conversar com eles. Assim poderíamos perguntar-lhes diretamente sobre seus mais diversos sentimentos – o que nos pouparia de fazer estudos científicos entediantes. E a verdade é que já há algo nesse sentido: existe uma gorila fêmea chamada Koko que tem coisas bastante comoventes a dizer. E ela realmente *diz*, usando a linguagem de sinais. Penny Patterson treinou a então jovem primata como parte de sua tese de doutorado na Universidade de Stanford, na Califórnia. Ao longo do tempo, Koko aprendeu mais de mil sinais e compreende mais de 2 mil palavras em inglês. Graças à sua proficiência na linguagem de sinais, ela é capaz de dizer o que pensa aos cientistas, e pela primeira vez é possível ter uma conversa mais longa com um animal.

Outros primatas foram treinados, com resultados semelhantes, mostrando que Koko não é uma exceção.[94] A gorila é vista com bastante frequência na mídia, e não faltam episódios comoventes. Certa vez, ela ganhou uma zebra de pelúcia de presente, e, quando lhe perguntaram o que era aquilo, ela respondeu com gestos: "branco" e "tigre". Também questionaram para onde os animais vão quando morrem, e ela: "buraco confortável".[95] Koko deu tantas respostas inteligentes – e combinou conceitos que havia dominado com outros novos – que é possível dizer que ela é uma gorila dotada de linguagem.

Por outro lado, há fortes críticas à Gorilla Foundation, organização dedicada a esses grandes primatas cujo projeto mais importante é explorar o mundo de Koko. Como o projeto em si quase não gera publicações, pesquisadores externos não têm como verificar os resultados. Além disso, as conversas com Koko não são conduzidas de forma propriamente científica; muitas vezes a gorila comete erros ao responder às perguntas, o que os pesquisadores atribuem à natureza brincalhona do animal.[96] Infelizmente não sou capaz de apontar o que é e o que não é verdade nas publicações, mas algo me diz que, na maioria dos casos, a capacidade de comunicação das outras criaturas é subestimada em níveis gravíssimos. E, para mim, o importante não é saber se Koko de fato se comunica ou se apenas parte das suas respostas faz sentido, pois a comunicação entre humanos e animais será sempre unilateral. As pessoas tentam ensinar a língua humana à outra espécie, que é considerada inteligente quando entende muitos conceitos ou comandos ou às vezes consegue até se expressar de forma adequada. Periquitos, corvos ou gorilas como Koko causam comoção quando do respondem a uma pergunta na nossa língua.

Mas se de fato nós somos a espécie mais inteligente deste planeta – e acredito que isso seja verdade –, por que a ciência ainda não percorreu o caminho inverso? Por que perdemos anos de trabalho para ensinar a linguagem de sinais aos animais se a ciência atual acredita que a capacidade de aprendizado deles é menor do que a nossa? Não seria muito mais fácil aprender a linguagem animal? Hoje em dia temos muito mais meios de alcançar esse feito em comparação com poucos anos atrás, quando, por exemplo, não éramos capazes de relinchar em duas frequências diferentes ao mesmo tempo, como fazem os cavalos. Atualmente um computador pode fazer um trabalho até razoável nesse sentido, traduzindo o que queremos dizer para o vocabulário do animal correspondente. É uma pena, mas não conheço nenhum trabalho sério nesse sentido.

Há pessoas capazes de imitar as vozes dos animais – por exemplo, o canto de várias espécies de pássaros. Mas, na linguagem dos pássaros, quem imita um melro ou um chapim está apenas assobiando "Este lugar está ocupado!", pois o belo canto que essas aves emitem da copa das árvores serve apenas para demarcar o território e impedir a aproximação dos concorrentes. É mais ou menos como se um papagaio dissesse: "Dá o fora." Ainda não evoluímos muito na habilidade de nos comunicar com as outras criaturas do nosso planeta.

41. Onde fica a alma?

Chegou a hora de fazer a pergunta crucial: os animais têm alma? Essa é uma questão bem complicada, que eu gostaria de abordar primeiro com foco no ser humano, porque é mais fácil. Afinal, o que é a alma? Os dicionários dão várias definições diferentes, o que mostra que não há consenso a respeito do significado da palavra. Uma delas sugere que a alma é o princípio da vida, dos sentimentos, dos pensamentos e das ações do ser humano. Outra sugere que é a parte espiritual das pessoas, a qual, segundo crenças religiosas, continua existindo mesmo depois da morte.[97] Como ninguém pode atestar a segunda definição, vou me concentrar na primeira.

Sentimentos, pensamentos e ações: isso é tudo de que precisamos para descrever a essência de um animal, certo? Não resta dúvida de que os animais agem, e já não negamos mais que eles têm sentimentos, por isso só falta investigar os pensamentos. Também de acordo com os dicionários, a capacidade de pensar é um requisito básico para uma alma. Então tudo bem, vamos procurar essa capacidade. E não será uma tarefa fácil, porque existem várias definições para a palavra "pensamento". Muitas delas são extremamente complicadas e, ainda assim, não depreendem o conceito de forma clara e definitiva. A Universidade Técnica de Dresden ofereceu a seus alunos a seguinte explicação: "Pensar: processo mental no qual representações simbólicas ou pictóricas de objetos, eventos ou ações são geradas, transformadas ou combinadas." Uma explicação muito mais simples apresentada no mesmo contexto resumiu melhor: "Pensar é resolver problemas."[98]

De acordo com essa definição, a capacidade de pensar integra o conjunto de habilidades dos animais cujo comportamento faz sentido para nós, humanos: corvos que chamam uns aos outros pelo nome, ratos que refletem sobre suas ações e se arrependem, galos que mentem para suas galinhas e pegas que se arriscam a "pular a cerca". Quem pode afirmar que processos de solução de problemas *não* ocorrem na cabeça desses animais?

Com isso, quero abordar a definição religiosa de alma. Mesmo entrando num terreno escorregadio, no qual não me sinto seguro, mesmo que a fé e a lógica muitas vezes se excluam, quero argumentar a favor da existência da alma animal no sentido religioso. Presumindo que você não acredite em ressurreição física, a alma é um pré-requisito fundamental para a vida após a morte. E se o ser humano tem esse tipo de alma, então os animais também devem tê-la. E por quê? É preciso perguntar desde quando as pessoas vão para o céu. Há 2 mil anos? Há 4 mil anos? Ou desde que existem pessoas habitando este planeta – ou seja, cerca de 20 mil anos? Mas quando se deu a ruptura com as formas anteriores, nossos antepassados? Ela aconteceu de forma gradual. Geração após geração, pequenas mudanças foram ocorrendo no curso da evolução. Olhando para trás, quais indivíduos não seriam considerados seres com alma? Alguma antepassada que viveu há 200.023 anos? Ou um homem com uma arma de sílex, que viveu há 200.197 anos? Não existe uma demarcação clara, por isso é possível voltar cada vez mais, indo além dos ancestrais mais primitivos, os primatas, os primeiros mamíferos, os dinossauros, os peixes, as plantas, as bactérias.

Portanto, se não há um ponto exato no tempo a partir do qual os seres da espécie *Homo sapiens* passaram a existir, também não somos capazes de definir o momento em que a alma surgiu. E se existe "justiça divina", não pode existir uma fronteira clara demarcando a existência da alma entre duas gerações sucessivas, em que a mais antiga seja condenada e a mais recente seja abençoada. E, por falar nesse assunto, não seria lindo se um grande rebuliço tomasse conta do Paraíso, com animais de todas as espécies vivendo entre um sem-número de pessoas?

Eu não acredito em vida após a morte. Invejo quem acredita, mas o poder da minha imaginação não é suficiente para isso. Portanto, para mim basta a primeira definição de alma, a científica, que fico feliz em atribuir a todos os animais. Acho simplesmente linda a ideia de que as outras espécies não são simples máquinas em que tudo acontece de acordo com mecanismos predefinidos e as ações ocorrem quando os hormônios correspondentes são liberados no organismo. Esquilos, cervos e javalis têm alma. Para mim, essa é a ideia que torna a vida especial e aquece meu coração quando tenho a oportunidade de observar os animais em liberdade.

Posfácio: Um passo atrás

Quando observo os animais, gosto de fazer analogias com as pessoas, porque duvido que os animais sintam coisas tão diferentes das que nós sentimos, e sei que a probabilidade de eu estar certo é muito alta. A ideia de que houve uma ruptura no curso da evolução e que, em certo momento, tudo tenha sido reinventado já ficou no passado. Atualmente, o único grande ponto de discussão é se os animais são capazes de pensar; afinal, isso é o que nós, humanos, fazemos de melhor. Mas o que é fundamental para nós pode não ter a menor importância para as outras criaturas, porque, do contrário, elas teriam se desenvolvido de modo semelhante ao nosso. Será que o pensamento profundo é algo de fato necessário?

Para quem vive de forma plena e relaxada, certamente não é. Muitas vezes, quando estamos descansando nas férias, pensamos: "Estou me sentindo ótimo porque não tenho que pensar em nada." Podemos sentir felicidade e alegria sem pensar a fundo em nada específico, e esse é o ponto crucial: a inteligência não tem a menor importância para os sentimentos. Como eu já disse, os sentimentos controlam a programação instintiva e são, portanto, vitais para todas as espécies, portanto todas as espécies os vivenciam com maior ou menor intensidade. Pouco importa se uma espécie é capaz de refletir sobre esses sentimentos, de usar a reflexão para prolongá-los ou de revivê-los depois. Claro que é ótimo ser capaz de executar essas ações, e talvez com isso possamos vivenciar esses momentos de forma mais intensa, porém isso também vale para os momentos ruins da vida. Portanto, essa é uma faca de dois gumes, e não estamos em vantagem em comparação com os animais.

Por que ainda há tanta resistência por parte de alguns cientistas – e sobretudo de políticos em pastas como a da agricultura – em admitir que os animais são capazes de ser felizes e de sofrer? Porque, na maioria das vezes, eles estão protegendo os métodos econômicos de criação e de tratamento dos animais, como a já mencionada castração de porcos recém-nascidos sem anestesia. Ou estão protegendo a caça, que todos os anos é responsável pela morte de centenas de milhares de mamíferos de grande porte e inúmeras aves, algo que, em sua forma atual, simplesmente não é mais aceitável.

Com todos os argumentos apresentados, fica claro que estamos nos aproximando do momento em que devemos reconhecer que os animais possuem muito mais habilidades do que reconhecemos, e é aí que vem o golpe final: a antropomorfização. Dizem que quem compara animais a humanos está se comportando de maneira não científica. São pessoas sonhadoras, talvez até místicas. O problema é que, no calor da batalha, deixa-se de lado um fato básico, ensinado na escola: do ponto de vista biológico, o ser humano também é um animal, portanto não é muito diferente de outras espécies. Assim, não há nada de mais em comparar pessoas e animais, sobretudo porque só conseguimos formar elos e ter empatia por aquilo que compreendemos. Assim, faz todo sentido examinar mais de perto as espécies em que detectamos sentimentos e processos mentais similares aos nossos. Essa comparação é mais fácil no caso de sensações como fome ou sede, ao passo que comparar a felicidade, a dor ou a compaixão é uma tarefa complicadíssima.

Meu objetivo não é antropomorfizar os animais, mas sim ajudar a compreendê-los melhor. Antes de mais nada, essas comparações servem para nos fazer perceber que os animais não são criaturas estúpidas que, em relação a nós, ficaram para trás na evolução e adquiriram apenas variações toscas da nossa rica gama de sensações no que diz respeito à dor e a outros sentimentos semelhantes. Quem entende que cervos, javalis ou corvos vivem a própria vida de forma plena e se divertem pode conseguir mostrar respeito até mesmo pelos pequenos gorgulhos que perambulam felizes por entre as folhas caídas no chão de florestas antigas.

Um motivo que ainda gera dúvidas sobre o mundo íntimo dos animais é o fato de que até hoje muitos sentimentos e outros processos mentais não estão claramente definidos nem mesmo em relação aos humanos. Reflita, por exemplo, sobre "felicidade", "gratidão" e "pensamento". São conceitos difíceis de descrever. Como vamos entender nos animais algo que não compreendemos sequer em nós mesmos? A ciência pura, que atualmente se pauta no preceito da objetividade, talvez não consiga nos ajudar nessa questão, pois exige que deixemos todo e qualquer sentimento de lado. Mas como o ser humano é motivado por seus sentimentos (ver capítulo "Os instintos são um tipo inferior de sentimento?"), também possuímos o aparato necessário para reconhecê-los nos outros. E por que esse aparato falharia só porque o outro em questão é um animal, e não um humano?

Nós evoluímos num mundo repleto de outras espécies e tivemos que sobreviver com elas e apesar delas. Ser capaz de interpretar as intenções de lobos, ursos ou cavalos selvagens com certeza foi tão importante quanto saber interpretar a expressão no rosto de humanos desconhecidos. Claro que às vezes nossos sentidos podem nos enganar e talvez enxerguemos pelo em ovo ao interpretar o comportamento de cães ou gatos. Mas estou convencido de que, na maioria dos casos, nossa intuição está correta. As descobertas atuais da ciência na verdade não têm surpreendido os verdadeiros amantes dos animais; apenas têm nos dado mais segurança para confiar em nossos próprios sentimentos em relação a eles.

Quando vejo pessoas negando com veemência que os animais têm sentimentos, fico com a sensação de que isso acontece um pouco por medo de que o homem possa perder a sua posição especial. Ou, pior ainda, por medo de que fique mais difícil explorar os animais. Toda vez que alguém fosse comer carne ou usar qualquer produto de couro teria uma crise moral que o impediria de ir adiante. Quando pensamos que os porcos são animais sensíveis, que transmitem conhecimento a seus descendentes e depois os ajudam a parir, que atendem pelo nome e se reconhecem no espelho, trememos só de lembrar que, apenas na União Europeia, cerca de 250 milhões de suínos são abatidos todos os anos.[99]

E isso não se restringe aos animais. Como a ciência agora sabe e talvez você já tenha lido, precisamos admitir que as árvores e outras plantas também têm sentimentos e até mesmo memória. Então, como podemos nos alimentar de forma moralmente idônea se até as verduras podem ser dignas de compaixão? Ao contrário de muitos seres vivos, não temos a capacidade de fazer fotossíntese para criar nosso alimento, portanto precisamos comê-los para sobreviver. As escolhas que fazemos são muito pessoais e dependem de onde moramos e da cultura em que fomos criados. Em última análise, porém, cada um de nós escolhe o que vai comer. Minha esperança é de que tudo o que você aprendeu neste livro o ajude a tomar decisões conscientes no futuro.

O que estou sugerindo é que, ao lidar com os outros seres vivos – sejam eles animais ou plantas –, demonstremos um pouco mais de respeito. Isso não quer dizer que devemos renunciar a tudo, mas, sim, reduzir nosso nível de conforto e também a quantidade de produtos biológicos que consumimos. Se formos recompensados com cavalos, cabras, galinhas e porcos mais felizes, se pudermos observar cervos, martas ou corvos mais alegres, se um dia ouvirmos os corvos chamando uns aos outros pelos nomes, nosso sistema nervoso central liberará um hormônio que propagará uma sensação contra a qual não temos defesa: a felicidade.

Agradecimentos

Sou imensamente grato à minha esposa, Miriam, que mais uma vez trabalhou comigo diversas vezes em meu manuscrito, avaliando com um olhar crítico os pensamentos que coloquei no papel. Meus filhos, Carina e Tobias, me ajudaram a resgatar minhas lembranças sempre que eu tentava revirar minha memória diante das páginas em branco, incapaz de me lembrar de algum relato pessoal adequado ao tema, embora houvesse tantos para escolher; portanto, obrigado, meus dois amores! A equipe da Ludwig Verlag, minha editora, sugeriu que eu escrevesse um livro sobre animais (tive tantas ideias que poderia ter escrito três livros). Muito obrigado!

Angelika Lieke deu os toques finais no texto, apontando repetições desnecessárias, frases incongruentes e obstáculos ao entendimento, melhorando a leitura. Não quero esquecer meu agente Lars Schultze-Kossack, que entrou em contato com a editora e me incentivou sempre que demonstrei minhas sinceras dúvidas sobre se de fato este manuscrito um dia se transformaria em livro (assim como ele já havia feito na época do meu livro sobre a vida secreta das árvores, quando eu também estava muito inseguro). E, por último, mas não menos importante, quero agradecer a Maxi, Schwänli, Vito, Zipy, Bridgi e todos os outros ajudantes de quatro patas ou duas asas que me permitiram participar um pouco da vida deles. Em última análise, foram eles quem contaram as histórias; eu simplesmente as traduzi para você.

Notas

1. Instituto Max Planck para o Estudo da Cognição e do Cérebro Humanos. "Unconscious Decisions in the Brain", 14 de abril de 2008, www.mpg.de/research/unconscious-decisions-in-the-brain.
2. McGill Newsroom. "Squirrels Show Softer Side by Adopting Orphans", relatório, 1º de junho de 2010, www.mcgill.ca/newsroom/channels/news/squirrels-show-softer-side-adopting-orphans-163790.
3. *The Guardian.* "French Bulldog Called Baby Adopts Six Wild Boar Piglets", 15 de fevereiro de 2012, www.theguardian.com/world/2012/feb/15/french-bulldog-wild-boar-piglets.
4. *Toronto Star.* "Yeti the Farm Dog Nurses 14 Piglets in Cuba", 3 de setembro de 2011, www.thestar.com/news/world/2011/09/03/yeti_the_farm_dog_nurses_14_piglets_in_cuba.html.
5. Amy DeMelia. "The Tale of Cassie and Moses", *The Sun Chronicle,* 5 de setembro de 2011, www.thesunchronicle.com/news/the-tale-of-cassieand-moses/article_e9d792d1-c55a-51cf-9739-9593d39a8ba2.html.
6. Antje Joel. "Mit diesem Delfin stimmt etwas nicht" (Há algo de errado com esse golfinho), *Die Welt,* 26 de dezembro de 2011, www.welt.de/wissenschaft/umwelt/article13782386/Mit-diesem-Delfin--stimmtetwas-nicht.html.
7. C. George Boeree. "The Emotional Nervous System", Shippensburg University Webspace, 2009, webspace.ship.edu/cgboer/limbicsystem.html.
8. Victoria Braithwaite. *Do Fish Feel Pain?* Oxford: Oxford University Press, 2010.

9. Justin S. Feinstein et al. "The Human Amygdala and the Induction and Experience of Fear", *Current Biology* 21, nº 1, 2011: p. 34–38. doi:10.1016/j.cub.2010.11.042.

10. Manuel Portavella, Blas Torres e Cosme Salas. "Avoidance Response in Goldfish: Emotional and Temporal Involvement of Medial and Lateral Telencephalic Pallium", *The Journal of Neuroscience* 24, nº 9, 2004: p. 2.335-42. doi: 10.1523/JNEURO SCI.4930-03.2004.

11. Hubertus Breuer. "Die Welt aus der Sicht einer Fliege" (Como a mosca enxerga o mundo), *Süddeutsche Zeitung,* 19 de maio de 2010, www.suedeutsche.de/panorama/forschung-die-welt-aus-sicht-einer-fliege-1.908384.

12. Forschungsverbund Berlin e.V. (FVB). "Do Fish Feel Pain? Not as Humans Do, Study Suggests", relatório, *ScienceDaily,* 8 de agosto de 2013, www.sciencedaily.com/releases/2013/08/130808123719.htm; *Spiegel Online.* "Fische kennen keinen Schmerz wie wir" (Os peixes não sentem dor como nós sentimos), 9 de setembro de 2013, www.spiegel.de/wissenschaft/natur/angelprofessor-robert-arlinghaus--ueber-denschmerz-der-fische-a-920546.html.

13. Marco Evers. "Leiser Tod im Topf" (Uma morte silenciosa na panela), *Der Spiegel* 52, 2015: p. 120.

14. Tamar Stelling. "Do Lobsters and Other Invertebrates Feel Pain? New Research Has Some Answers", *The Washington Post,* 10 de março de 2014, www.washingtonpost.com/national/health-science/do-lobstersand--other-invertebrates-feel-pain-new-research-has-some-answers/2014/03/07/f026ea9e-9e59-11e3-b8d8-94577ff66b28_story.html.

15. Jennifer Dugas-Ford, Joanna J. Rowell e Clifton W. Ragsdale. "Cell--Type Homologies and the Origins of the Neocortex", *PNAS* 109, nº 42, 2012: 16.974-79. doi: 10.1073/pnas.1204773109.

16. Chris R. Reid et al. "Slime Mold Uses an Externalized Spatial 'Memory' to Navigate Complex Environments", *PNAS* 109, nº 43, 2012: 17.490-94. doi: 10.1073/pnas.1215037109.

17. American Association for the Advancement of Science. "Slime Design Mimics Tokyo's Rail System: Efficient Methods of a Slime Mold Could

Inform Human Engineers", relatório, *ScienceDaily,* 22 de janeiro de 2010, www.sciencedaily.com/releases/2010/01/100121141051.htm.

18. Washington State Recreation e Conservation Office, Washington Invasive Species Council. "Feral Swine", invasivespecies.wa.gov/priorities/feral_swine.shtml.

19. Kirstin Lauterbach et al. "Do All Male Wild Boar Yearlings *Sus Scrofa* L. Leave Home?", Sixth International Symposium on Wild Boar (*Sus scrofa*) and Sub-Order Suiformes, Kykkos, Chipre, outubro de 2006. doi: 10.13140/2.1.5146.4962.

20. Statista. "Jahresstrecken von Schwarzwild (Wildschweine) in Deutschland von 2000/01 bis 2017/18" (Dados anuais sobre o javali selvagem na Alemanha, de 1997/98 até 2014/15), de.statista.com/statistik/daten/studie/157728/umfrage/jahresstrecken-von-schwarzwild-indeutschland-seit-1997-98.

21. Elke Bodderas. "Schweine sprechen ihre eigene Sprache. Und bellen" (Porcos falam sua linguagem própria. E latem), *Welt,* 15 de janeiro de 2012, www.welt.de/wissenschaft/article13813590/Schweinesprechen-ihre-eigene-Sprache-Und-bellen.html.

22. Anders Pape Møller. "Deceptive Use of Alarm Calls by Male Swallows, *Hirundo rustica:* A New Paternity Guard", *Behavioral Ecology* 1, nº 1, 1990: p. 1-6. doi: 10.1093/beheco/1.1.1.

23. Michael Becker. "Elstern" (Pegas), março de 1999, www.ijon.de/elster/verhalt.html.

24. Rebecca Grambo. *The Nature of Foxes.* Vancouver: Greystone, 1995, p. 30.

25. Michael A. Steele et al. "Cache Protection Strategies of a Scatter-Hoarding Rodent: Do Tree Squirrels Engage in Behavioural Deception?", *Animal Behaviour* 75, nº 2, 2008: p. 705-14. doi: 10.1016/j.anbehav.2007.07.026.

26. Rachael C. Shaw e Nicola S. Clayton. "Careful Cachers and Prying Pilferers: Eurasian Jays *(Garrulus glandarius)* Limit Auditory Information Available to Competitors", *Proceedings of the Royal Society B* 280, nº 1.752, 2013. doi: 10.1098/rspb.2012.2238.

27. Instituto Max Planck de Ornitologia. "Competition Favours Shy Tits", 10 de março de 2016, www.orn.mpg.de/3685340/news_publication_10363050.

28. Christopher Turbill et al. "Regulation of Heart Rate and Rumen Temperature in Red Deer: Effects of Season and Food Intake", *Journal of Experimental Biology* 214, nº 6, 2011: p. 963-70. doi: 10.1242/jeb.052282.

29. Universidade de Medicina Veterinária de Viena. "Personality Differences: In Lean Times Red Deer with Dominant Personalities Pay a High Price", relatório, 18 de setembro de 2013, www.vetmeduni.ac.at/en/infoservice/presseinformation/press-releases-2013/press-release-09-18-2013-personality-differences-in--lean-times-red-deer-with-dominant-personalities-pay-a-high--price/.

30. Universidade Livre de Berlim. "When Bees Can't Find Their Way Home", relatório, 20 de março de 2014, www.fu-berlin.de/en/presse/informationen/fup/2014/fup_14_092-bienenorientierung-pestizidepublikation-menzel/index.html.

31. Stefan Klein. "Die Biene weiß, wer sie ist" (A abelha sabe quem é), *Zeit Magazin*, 25 de fevereiro de 2015, www.zeit.de/zeit-magazin/2015/02/bienen-forschung-randolf-menzel; Randolf Menzel et al. "A Common Frame of Reference for Learned and Communicated Vectors in Honeybee Navigation", *Current Biology* 21, nº 8, 2011: p. 645-50. doi: 10.1016/j.cub.2011.02.039.

32. Alan Bellows. "Clever Hans the Math Horse", *Damn Interesting*, artigo 170, atualizado pela última vez em 30 de novembro de 2015, www.damninteresting.com/clever-hans-the-math-horse.

33. Andreas Lebert e Claudia Wüstenhagen. "In Gedanken bei den Vögeln" (Na mente dos pássaros), *Zeit Online, 20 de julho de* 2015, www.zeit.de/zeit-wissen/2015/04/hirnforschung-tauben-onur--guentuerkuen; Lorenzo von Fersen e Juan Delius. "Long-Term Retention of Many Visual Patterns by Pigeons", *Ethology* 82, nº 2, 1989: p. 141-55. doi: 10.1111/j.1439-0310.1989.tb00495.x.

34. Aleksey Vnukov. "Crowboarding: Russian Roof-Surfin' Bird Caught on Tape", *YouTube*, 12 de janeiro de 2012, www.youtube.com/watch?v=3dWw9GLcOeA.

35. *Wikipédia*. "Casamento", en.wikipedia.org/wiki/casamento.

36. Anne Jeschke. "Zu welchen Gefühlen Tiere wirklich fähig sind" (O que os animais são realmente capazes de sentir?), *Welt*, 15 de fevereiro de 2015, www.welt.de/wissenschaft/umwelt/article137478255/Zu-welchen-Gefuehlen-Tiere-wirklich-faehig--sind.html.

37. Herbert Cerutti. "Clevere Jagdgefährten" (Companheiros de caça inteligentes), *NZZ Folio*, julho de 2003, http://folio.nzz.ch/2003/juli/clevere-jagdgefahrten.

38. Sindya N. Bhanoo. "Ravens Can Recognize Old Friends, and Foes, Too", *The New York Times*, 23 de abril de 2012, www.nytimes.com/2012/04/24/science/ravens-can-recognize-old-friends-and--foes-too.html.

39. Jasmin Kirchner, Gerhard Manteuffel e Lars Schrader. "Individual Calling to the Feeding Station Can Reduce Agonistic Interactions and Lesions in Group Housed Sows", *Journal of Animal Science* 90, nº 13, 2015: p. 5.013-20, https://academic.oup.com/jas/article-abstract/90/13/5013/4703524?redirectedFrom=fulltext.

40. Jeremy Hance. "Birds Are More Like 'Feathered Apes' Than 'Bird Brains'", *The Guardian*, 5 de novembro de 2016, www.theguardian.com/environment/radical-conservation/2016/nov/05/birds-intelligence-tools-crows-parrots-conservation-ethics-chickens.

41. Donald M. Broom, Hilana Sena e Kiera L. Moynihan. "Pigs Learn What a Mirror Image Represents and Use It to Obtain Information", *Animal Behaviour* 78, nº 5, 2009: p. 1.037-41. doi: 10.1016/j.anbehav.2009.07.027.

42. McGill Newsroom. "Squirrels Show Softer Side by Adopting Orphans", relatório, 1º de junho de 2010, www.mcgill.ca/newsroom/channels/news/squirrels-show-softer-side-adopting-orphans-163790.

43. Discovery of Sound in the Sea. "How Do Marine Fishes Communicate Using Sound?", https://dosits.org/animals/use-of-sound/marine-fish-communication/.

44. Mathias Kneppler. "Auswirkung des Forst- und Alpwegebaus im Gebirge auf das dort lebende Schalenwild und seine Bejagbarkeit" (Efeitos das estradas de florestas e montanhas nos ungulados que vivem nessas áreas e sobre a caça deles), tese apresentada na Universidade de Viena, curso VI 2013/2014, p. 7.

45. Sebastian Herrmann. "Peinlich" (Constrangimento), *Süddeutsche Zeitung*, 30 de maio de 2008, www.sueddeutsche.de/wissen/schamgefuehlepeinlich-1.830530; Christine R. Harris. "Embarrassment: A Form of Social Pain", *American Scientist* 94, nº 6, 2006: p. 524-33, charris.ucsd.edu/articles/Harris_AS2006.pdf.

46. Mary Bates. "Rats Regret Making the Wrong Decision", *Wired*, 8 de junho de 2014, www.wired.com/2014/06/rats-regret-making-the-wrong-decision.

47. CBS DFW. "Scold Them All You Want, Dogs Feel No Shame, Says Behaviorist", 26 de fevereiro de 2014, dfw.cbslocal.com/2014/02/26/scold-them-all-you-want-dogs-feel-no-shame-says-behaviorist.

48. Elsevier. "What Really Prompts the Dog's 'Guilty Look'", *ScienceDaily*, 14 de junho de 2009, www.sciencedaily.com/releases/2009/06/090611065839.htm.

49. Friederike Range et al. "The Absence of Reward Induces Inequity Aversion in Dogs", *PNAS* 106, nº 1, 2009: p. 340-45. Relato de Nell Greenfieldboyce em "Dogs Understand Fairness, Get Jealous, Study Finds", *NPR*, 9 de dezembro de 2008, www.npr.org/templates/story/story.php?storyId=97944783.

50. Jorg J. M. Massen, Caroline Ritter e Thomas Bugnyar. "Tolerance and Reward Equity Predict Cooperation in Ravens (*Corvus corax*)", *Scientific Reports* 5, artigo nº 15.021, 2015. doi: 10.1038/srep15021.

51. Ishani Ganguli. "Mice Show Evidence of Empathy", *The Scientist*, 30 de junho de 2006, www.the-scientist.com/?articles.view/articleNo/24101/title/Mice-show-evidence-of-empathy.

52. Loren J. Martin et al. "Reducing Social Stress Elicits Emotional Contagion of Pain in Mouse and Human Strangers", *Current Biology* 25, nº 3, 2015: p. 326-32. doi: 10.1016/j.cub.2014.11.028.

53. Felicity Muth. "Can Pigs Empathize?", *Scientific American,* 13 de janeiro de 2015, https://blogs.scientificamerican.com/not-bad-science/can-pigs-empathize.

54. Aleksander Medveš. "Crow Rescue", *YouTube,* 21 de junho de 2014, www.youtube.com/watch?v=gJ_3BN0m7S8.

55. Mark Matousek. "The Meeting Eyes of Love: How Empathy Is Born in Us", 8 de abril de 2011, www.psychologytoday.com/blog/ethical-wisdom/201104/the-meeting-eyes-love-how-empathy-is-born-in-us.

56. Henry H. Lee et al. "Bacterial Charity Work Leads to Population-Wide Resistance", *Nature* 467, 2010: p. 82-85. doi: 10.1038/nature09354.

57. Gerald G. Carter e Gerald S. Wilkinson. "Food Sharing in Vampire Bats: Reciprocal Help Predicts Donations More than Relatedness or Harassment", *Proceedings of the Royal Society B* 280, nº 1753, 2013. doi: 10.1098/rspb.2012.257.

58. Birk Grüling. "Ein Hund im Wolfspelz ist Tierquälerei" (Um cão em pele de lobo reflete maus-tratos de animais), *Zeit Online,* 3 de julho de 2014, www.zeit.de/wissen/umwelt/2014-06/tierhaltung-wolf-hybrid-hund; Patricia McConnell. "The Tragedy of Wolf Dogs", *The Other End of the Leash* (blog), 13 de julho de 2013, www.patriciamcconnell.com/theotherendoftheleash/the-tragedy-of-wolf-dogs.

59. University of Massachusetts Amherst. "Lord's Study May Explain Why Wolves Are Forever Wild, but Dogs Can Be Tamed", relatório, 17 de janeiro de 2013, www.umass.edu/newsoffice/article/lords-study-may-explain-why-wolves-are-forever-wild-dogs-can-be-tamed.

60. "Rehbock greift zwei Frauen beim Walking an" (Cervo ataca duas mulheres no campo), *Schwarzwälder Bote,* 21 de abril de 2015, www.

schwarzwaelder-bote.de/inhalt.st-georgen-rehbock-greift-zweifrauen-
-beim-walking-an.aee11194-f2cd-40b8-ba43-5204586dfc0c.html.

61. Dana Krempels. "The Mystery of Rabbit Poop", Miami College of Arts & Sciences, www.bio.miami.edu/hare/poop.html.

62. Jennifer Welsh. "Why Pooh Bear Loves Honey, but Tigger Doesn't", *Live Science,* 12 de março de 2012, www.livescience.com/18994-carnivores-taste-sweets.html.

63. Katsuhisa Ozaki et al. "A Gustatory Receptor Involved in Host Plant Recognition for Oviposition of a Swallowtail Butterfly", *Nature Communications* 2, artigo nº 542, 2011. doi: 10.1038/ncomms1548.

64. Patricia McConnell. "Why Do Dogs Roll in Disgusting Stuff?", *The Other End of the Leash* (blog), 1º de junho de 2015, www.patriciamcconnell.com/theotherendoftheleash/why-do-dogs-roll-in-
-disgusting-stuff.

65. Lesley A. Smith, Piran C. L. White e Mike R. Hutchings. "Effect of the Nutritional Environment and Reproductive Investment on Herbivore-Parasite Interactions in Grazing Environments", *Behavioral Ecology* 17, nº 4, 2006: p. 591–96. doi: 10.1093/beheco/ark004.

66. Jenny Stanton e Jane Flanagan. "Beware, Lions Crossing (and Mauling)!", *MailOnline,* 13 de julho de 2015, www.dailymail.co.uk/news/article-3159262/Beware-lions-crossing-mauling-Breathtaking-moment-beasts-catch-antelope-inches-stunned-tourists-safari-park-road.html.

67. Michael Petrak. "Rotwild als erlebbares Wildtier-Folgerungen aus dem Pilotprojekt Monschau-Elsenborn für den Nationalpark Eifel" (Cervos como vida selvagem observável – resultados de um projeto piloto em Monschau-Elsenborn para o Parque Nacional de Eifel), em *Von der Jagd zur Wildbestandsregulierung,* NUA-Heft, nº 15, p. 19, Natur-und Weltschutz-Akademie des Landes Nordrhein-
-Westfalen (NUA), maio de 2004.

68. Association for Psychological Science. "The Genetics of Fear", relatório, 9 de março de 2009, www.psychologicalscience.org/news/releases/the-genetics-of-fear-study-suggests-specific-genetic-variations-contribute-to-anxiety-disorders.html.

69. Dietmar Spengler. "Genes Learn from Stress", relatório de pesquisa 2010, Instituto Max Planck de Psiquiatria, www.mpg.de/431776/forschungsSchwerpunkt?c=148053.

70. Amy Liptrot. "How Berlin's Urban Goshawks Helped Me Learn to Love the City", *The Guardian,* 13 de maio de 2005, www.theguardian.com/cities/2015/may/13/berlin-goshawks-urban-wildlife-tempelhof-airport-birdwatching.

71. Kathryn Westcott. "What Is Stockholm Syndrome?", *BBC News Magazine,* 22 de agosto de 2013, www.bbc.com/news/magazine-22447726.

72. Dietrich von Holst. "Populationsbiologische Untersuchungen beim Wildkaninchen" (Pesquisa sobre a dinâmica da população de coelhos selvagens), em *LÖBF-Mitteilungen* (Instituto de Ecologia, Uso e Desenvolvimento da Terra e Silvicultura, Renânia do Norte-Vestfália), nº 11, 2004: p. 17-21.

73. Canadian Honey Council. "How to Make a Pound of Honey", http://honeycouncil.ca/how-to-make-a-pound-of-honey/.

74. Nick Jans. *The Grizzly Maze: Timothy Treadwell's Fatal Obsession with Alaskan Bears.* Nova York: Dutton, 2005.

75. Eva Bellemain et al. "The Dilemma of Female Mate Selection in the Brown Bear, a Species with Sexually Selected Infanticide", *Proceedings of the Royal Society B* 273, nº 1.584, 2006: p. 283-91. doi: 10.1098/rspb.2005.3331.

76. MIT News. "Rats Dream about Their Tasks during Slow Wave Sleep", 18 de maio de 2002, news.mit.edu/2002/dreams.

77. Michel Jouvet. "The States of Sleep", *Scientific American,* 1º de fevereiro de 1967, www.scientificamerican.com/article/the-states-of-sleep.

78. Hubertus Breuer. "Die Welt aus der Sicht einer Fliege" (Como a mosca enxerga o mundo), *Süddeutsche Zeitung,* 19 de maio de 2010, www.suedeutsche.de/panorama/forschung-die-welt-aus-sicht-einer-fliege-1.908384.

79. Elke Maier. "A Four-Legged Early-Warning System", *MaxPlanck-Research 2,* 2014: p. 58-63, www.mpg.de/8252362/W004_Environment-Climate_058-063.pdf.

80. Gabriele Berberich e Ulrich Schreiber. "GeoBioScience: Red Wood Ants as Bioindicators for Active Tectonic Fault Systems in the West Eifel (Germany)", *Animals (Basel)* 3, nº 2, 2013: p. 475-98. doi: 10.3390/ani3020475.

81. Katherine M. Williams et al. "Increasing Prevalence of Myopia in Europe and the Impact of Education", *Ophthalmology* 122, nº 7, 2015: p. 1.489-97. doi: 10.1016/j.ophtha.2015.03.018.

82. Emily Benson. "'Landmark Study' Solves Mystery behind Classic Evolution Story", *Science,* 1º de junho de 2016, www.sciencemag.org/news/2016/06/landmark-study-solves-mystery-behind-classic--evolution-story.

83. Andreas Lebert e Claudia Wüstenhagen. "In Gedanken bei den Vögel" (Na mente dos pássaros), *Zeit Online*, 30 de julho de 2015, www.zeit.de/zeit-wissen/2015/04/hirnforschung-tauben-onur-guentuer-kuen; Juan D. Delius, Robert J. Perchard e Jacky Emmerton. "Polarized Light Discrimination by Pigeons and an Electroretinographic Correlate", *Journal of Comparative and Physiological Psychology* 90, nº 6, 1976: p. 560-71, www.ncbi.nlm.nih.gov/pubmed/956468.

84. Paul E. Miller e Christopher J. Murphy. "Vision in Dogs", *JAVMA* 207, nº 12, 1995: 1623-34, redwood.berkeley.edu/bruno/animal--eyes/dog-vision-miller-murphy.pdf.

85. Sarah Bordenstein. "What Is a Tardigrade?", *Microbial Life Educational Resources*, serc.carleton.edu/microbelife/topics/tardigrade/index.html.

86. *National Geographic.* "The Human Condition: Our Imprint Deepens as Consumption Accelerates", www.nationalgeographic.com/earthpulse/human-impact.html.

87. Gesamtverband der Deutschen Versicherungswirtschaft. "Zahl der Wildunfälle sinkt auf 247.000" (O número de acidentes envolvendo animais silvestres caiu para 247 mil), 10 de julho de 2014, www.gdv.de/de/themen/news/zahl-der-wildunfaelle-sinkt-auf-247-000-20520.

88. Peter Werner e Rudoph Zahner. "Biological Diversity and Cities: A Review and Bibliography", Bundesamt für Naturschutz, *BfN-Skripten* 245, 2009.

89. Michael Slezak. "Ancient DNA Suggests Dogs Split from Wolves 40,000 Years Ago", *New Scientist,* 27 de maio de 2015, www.newscientist.com/article/mg22630235-500-ancient-dna-suggests-dogs--split-from-wolves-40000-years-ago.

90. Stefan Müller. "Interkulturelles Marketing" (Marketing intercultural), apresentação de PowerPoint, 2007, slide 4, "Paraverbale Kommunikation" (Communication paraverbal), tu-dresden.de/gsw/wirtschaft/marketing/ressourcen/dateien/lehre/lehre_pdfs/Mueller_IM_G1_Kommunikation.pdf?lang=de; Jeff Thompson. "Is Nonverbal Communication a Numbers Game?", *Psychology Today,* 30 de setembro de 2011, www.psychologytoday.com/blog/beyond--words/201109/is-nonverbal-communication-numbers-game.

91. Instituto Max Planck. "'Look at That!' Ravens Use Gestures, Too", relatório, 29 de novembro de 2011, www.mpg.de/4664902/ravens_use_gestures.

92. Elodie F. Briefer et al. "Segregation of Information about Emotional Arousal and Valence in Horse Whinnies", *Scientific Reports* 4, nº 9.989, 2015. doi: 10.1038/srep09989.

93. Inken De Wit. "Wie Pferde Emotionen äussern" (Como os cavalos expressam seus sentimentos), *ETH Zürich,* 15 de maio de 2015, www.ethz.ch/de/news-und-veranstaltungen/eth-news/news/2015/05/wiehern-nicht-gleich-wiehern.html.

94. The Gorilla Foundation, www.koko.org.

95. Danny D. Steinberg, Hiroshi Nagata e David P. Aline. *Psycholinguistics: Language, Mind, and Word.* Londres: Longman, 1982, p. 150; Roc Morin. "A Conversation with Koko the Gorilla", *The Atlantic,* 28 de agosto de 2015, www.theatlantic.com/technology/archive/2015/08/koko-the-talking-gorilla-sign-language-francine--patterson/402307.

96. Jane C. Hu. "What Do Talking Apes Really Tell Us?", *Slate,* 20 de agosto de 2014, www.slate.com/articles/health_and_science/science/2014/08/koko_kanzi_and_ape_language_research_criticism_of_working_conditions_and.html.

97. Dictionary.com. "Soul" (alma), www.dictionary.com/browse/soul.
98. Thomas Goschke. "Kognitionspsychologie: Denken, Problemlösen, Sprache" (Psicologia cognitiva: pensamento, resolução de problemas, discurso), Module A1: Kognitive Prozesse (Processos cognitivos), apresentação de PowerPoint, 2013, tu-dresden.de/mn/psychologie/allgpsy/ressourcen/dateien/lehre/lehreveranstaltungen/goschke_lehre/ss2013/folder-2013-04-15-9955666685/vl01_einfuehrung?lang=en.
99. Pol Marquer, Teresa Rabade e Roberta Forti. "Pig Farming Sector –Statistical Portrait 2014", Eurostat *Statistics Explained*, https://ec.europa.eu/eurostat/statistics-explained/index.php/Archive:Pig_farming_sector_-_statistical_portrait_2014.

CONHEÇA OUTRO LIVRO DO AUTOR

A vida secreta das árvores

E se tudo o que você sempre pensou saber a respeito das árvores estivesse errado? E se, apesar de tão diferentes de nós, descobríssemos que elas compartilham diversas características dos humanos?

Nos últimos anos a ciência tem comprovado que as árvores e o homem têm muito mais em comum do que poderíamos imaginar. Assim como nós, elas se comunicam, mantêm relacionamentos, formam famílias, cuidam dos doentes e dos filhos, têm memória, defendem-se de agressores e competem ferozmente com outras espécies – às vezes, até com outras árvores da mesma espécie. Algumas são naturalmente solitárias, enquanto outras só conseguem viver plenamente se fizerem parte de uma comunidade. E, assim como nós, cada uma se adapta melhor a determinado ambiente.

Em *A vida secreta das árvores*, o engenheiro florestal alemão Peter Wohlleben alia seus 20 anos de experiência às últimas descobertas científicas para examinar o dia a dia desses seres fantásticos. Com um ponto de vista surpreendente e inovador, o livro se tornou um fenômeno na Alemanha, entrou para a lista de mais vendidos do *The New York Times* e teve seus direitos negociados para 18 países. Essa viagem fascinante pela vida das árvores e florestas é um convite a repensarmos nossa relação com a natureza.

CONHEÇA OS LIVROS DE PETER WOHLLEBEN

A vida secreta das árvores

A vida secreta dos animais

A sabedoria secreta da natureza

Para saber mais sobre os títulos e autores da Editora Sextante,
visite o nosso site e siga as nossas redes sociais.
Além de informações sobre os próximos lançamentos,
você terá acesso a conteúdos exclusivos
e poderá participar de promoções e sorteios.

sextante.com.br